职业院校机电设备安装与维修专业规划教材

机构零件与装配调试

主编　杨美玉

机械工业出版社

本书按照任务驱动模式，将理论知识和操作技能紧密结合，并根据企业实际生产要求设置任务内容。本书的主要内容包括：变速箱的装配与调整、二维工作台的装配与调整、齿轮减速器的装配与调整、间歇回转工作台的装配与调整、自动冲压机构的装配与调整、机械传动机构的装配与调整、公差配合与尺寸检测。

本书主要用作职业院校机电设备安装与维修专业教材，也可供机械相关专业师生参考，还可供机械工人自学使用。

图书在版编目（CIP）数据

机构零件与装配调试/杨美玉主编. —北京：机械工业出版社，2014.12（2023.1 重印）
职业院校机电设备安装与维修专业规划教材
ISBN 978-7-111-46804-2

Ⅰ.①机… Ⅱ.①杨… Ⅲ.①机械元件—装配（机械）—高等职业教育—教材②机械元件—调试方法—高等职业教育—教材 Ⅳ.①TH13

中国版本图书馆 CIP 数据核字（2014）第 298392 号

图书在版编目（CIP）数据

机械工业出版社（北京市百万庄大街 22 号　邮政编码 100037）
策划编辑：陈玉芝　责任编辑：陈玉芝　王华庆
版式设计：赵颖喆　责任校对：张玉琴
封面设计：张　静　责任印制：刘　媛
涿州市般润文化传播有限公司印刷
2023 年 1 月第 1 版第 5 次印刷
184mm×260mm · 12 印张 · 290 千字
标准书号：ISBN 978-7-111-46804-2
定价：29.80 元

电话服务　　　　　　　　　网络服务
客服电话：010-88361066　　机 工 官 网：www.cmpbook.com
　　　　　010-88379833　　机 工 官 博：weibo.com/cmp1952
　　　　　010-68326294　　金 书 网：www.golden-book.com
封底无防伪标均为盗版　机工教育服务网：www.cmpedu.com

职业院校机电设备安装与维修专业规划教材

编写委员会

主　　任	王　臣　孙同波
副主任	盖贤君　张振铭　柳力新　于新秋　于洪君
委　　员	任开朗　刘万波　周培华　王　峰　李德信
	王风伟　张清艳　张文香　李淑娟　孟莉莉
	李伟华　于广利

本书主编　　杨美玉

本书副主编　李德信　马玉涛

本书参编　　王彦羽　燕桂香　周伟东

前　言

为满足职业教育改革发展的需要，我们结合企业岗位的实际需求，本着以能力为本位，以就业为导向，以职业实践为主线，以突出实践技能、提高学生的综合素质为原则编写了本书。本书突破了传统教材的编写结构，以任务为导向，但又不失传统教材的严谨性和知识体系的完整性。

本书将专业基础课"机械基础"的所有知识点打散，融入每个教学活动中，使学生通过完成工作任务来掌握相关知识，让学生能够围绕"问题引导"主动思考，多动脑、勤动手，实现理论与实践的完美对接。本书内容丰富，深入浅出，结构严谨、清晰，突出了教学的可操作性。本书的特点如下：

1. 在内容编排上以任务为引领，将教学项目的内容设置成相应的教学活动，每一个教学活动都明确了工作任务，让学生通过完成工作任务，展开相关知识的学习与技能训练，在每一个教学活动中设置自我检测等环节，使学生通过完成工作任务，将理论知识与实践技能有机地结合起来。

2. "问题引导"中的问题由浅到深逐渐提出，让学生能积极去思考问题、分析问题和解决问题，降低学习难度，提高学生的学习兴趣。

3. 体现以技能训练为主线，以相关知识为支撑的编写思路，较好地处理了理论教学与技能训练的关系，使学生在掌握理论知识的同时，掌握操作技能，提高实操能力。

4. 突出内容的先进性，较多地采用新技术、新设备、新材料、新工艺，缩短学校教育与企业岗位需求的距离，更好地满足企业用人的需求。

5. 融入"极限与配合"的相关知识，以提升学生的检测能力。

本书由杨美玉任主编，李德信、马玉涛任副主编，王彦羽、燕桂香、周伟东参加编写。

在本书的编写过程中，我们参阅了相关文献资料，在此向这些文献资料的作者表示衷心的感谢！

由于编者水平有限，书中难免存在错误的不足之处，恳请广大读者批评指正。

编　者

目　录

变速箱的装配与调整

学习目标

1. 掌握轴、键及销的有关知识。
2. 掌握变速机构、变向机构的常用类型。
3. 能读懂变速箱的部件装配图。
4. 能根据图样正确选用所需工、量具。
5. 能正确装配轴及轴上零件。

 **任务描述**

变速装置在日常生产、生活中应用十分广泛，如机床、汽车、拖拉机、起重机等都应用了变速装置。THMDZT—1 型机械装调技术综合实训装置的变速箱（见图 1-1）能够进行双轴三级变速输出，其中一轴输出带有反向功能。要求通过对此变速箱的装配与调整，掌握各零部件的作用及装配方法，传动原理、变速及变向方法，以及工、量具使用方法，能够独立完成变速箱的装调，并且加强变速箱常见故障的分析、判断和处理能力及读图能力，从而提高岗位就业能力。

图 1-1　THMDZT—1 型机械装调技术综合实训装置的变速箱

子任务一　变速箱的拆卸

学习目标

1. 通过识读变速箱的装配图，掌握变速箱的结构原理。
2. 掌握游标卡尺等常用工、量具的使用方法。
3. 能制订出变速箱的拆卸方案。

一、任务描述

某工厂自制起重机的换向功能失灵并且伴有异常声响及振动现象，经过现场排查，发现该起重机的变速箱内有一对齿轮磨损严重，不能正确啮合，导致换向失灵，同时发现有的轴承间隙过大，引起振动及噪声，现急需更换齿轮和轴承。本次任务是将变速箱（用 THM-DZT—1 型机械装调技术综合实训装置的变速箱模拟，见图 1-1）解体。

二、问题引导

问题1：变速箱由哪些主要零部件组成？
问题2：写出图 1-2 所示游标卡尺的正确读数。

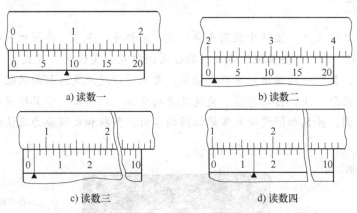

a) 读数一　　　　　　　　　　　　　b) 读数二

c) 读数三　　　　　　　　　　　　　d) 读数四

图 1-2　游标卡尺读数

问题3：钳形扳手有哪些用途？
问题4：顶拔器有哪些用途？
问题5：卡簧钳有哪些用途？
问题6：制订变速箱的拆卸方案，并注明每步操作所需工具。

三、相关知识

1. 游标卡尺

游标类量具是一种中等精度的量具，是利用尺身与游标相互配合进行测量和读数的量具。其结构简单，操作方便，维护保养容易，在金属切削加工中应用较广。常用的游标类量具有游标卡尺、游标深度卡尺、游标万能角度尺等。本任务中需重点掌握游标卡尺和游标深度尺的使用方法。

（1）游标卡尺的结构　游标卡尺的种类较多，图1-3a所示为常用的带有深度尺的游标卡尺。

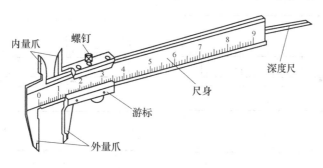

a) 游标卡尺结构

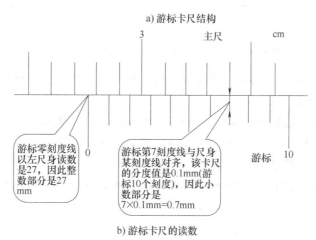

b) 游标卡尺的读数

图1-3　游标卡尺的结构和读数方法

（2）游标卡尺的类型　根据游标卡尺的分度值，游标卡尺有三种，分别为：

1）游标为10个刻度，分度值是0.1mm的游标卡尺。

2）游标为20个刻度，分度值是0.05mm的游标卡尺。

3）游标为50个刻度，分度值是0.02mm的游标卡尺。

（3）游标卡尺的读数方法　游标卡尺的读数分为整数部分和小数部分，它们相加的结果即为测量值。

1）整数部分为游标零刻度线左边尺身上的读数。

2）小数部分为游标上第几条刻度线与主尺上的某刻度线对齐时，将这"第几条刻度线"的"几"换成数字乘以游标卡尺的分度值所得的数值。

例如，用分度值为0.1mm的游标卡尺测量某一工件，其读数如图1-3b所示，则其结果为27mm + 7 × 0.1mm = 27.7mm。

（4）游标卡尺的读数示例

1）分度值为0.05mm的游标卡尺读数示例。如图1-4所示，有黑色三角形符号的游标刻度线为对齐的刻度线。

① 图 1-4a 所示读数是 0.1mm（0mm +0.05mm×2 = 0.1mm）。

② 图 1-4b 所示读数是 0.45mm（0mm +0.05mm×9 = 0.45mm）。

③ 图 1-4c 所示读数是 20.05mm（20mm +0.05mm×1 = 20.05mm）。

④ 图 1-4d 所示读数是 11.9mm（11mm +0.05mm×18 = 11.9mm）。

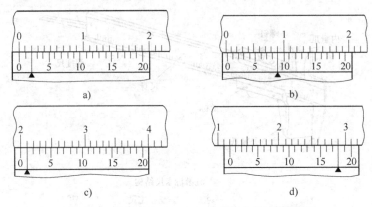

图 1-4　分度值为 0.05mm 的游标卡尺读数示例

2）分度值为 0.02mm 的游标卡尺读数示例。如图 1-5 所示，有黑色三角形符号的游标刻度线为对齐的刻度线。

① 图 1-5a 所示读数是 0.22mm（0mm +0.02mm×11 = 0.22mm）。

② 图 1-5b 所示读数是 7.02mm（7mm +0.02mm×1 = 7.02mm）。

③ 图 1-5c 所示读数是 10.14mm（10mm +0.02mm×7 = 10.14mm）。

④ 图 1-5d 所示读数是 19.98mm（19mm +0.02mm×49 = 19.98mm）。

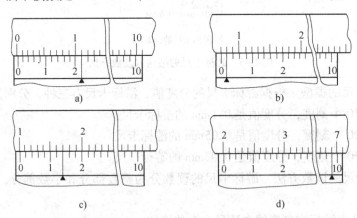

图 1-5　分度值为 0.02mm 的游标卡尺读数示例

（5）游标卡尺的测量步骤

1）清洁。擦净工件的测量面和游标卡尺的两个测量面，注意不要划伤游标卡尺的测量面。

2）选用合适的游标卡尺。根据被测尺寸，选用规格合适的游标卡尺。

3）对零。在测量工件前，将游标卡尺的两测量面合拢，游标卡尺的游标零刻度线应与尺身零刻度线应对正（见图 1-6），否则，应送有关部门修理。

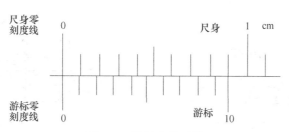

图 1-6 游标卡尺对零

4）测量。调整游标卡尺两测量面的距离，使之大于被测尺寸。右手握游标卡尺，移动游标，当游标卡尺的量爪测量面与工件被测量面将要接触时，慢慢移动游标，或用微调装置，直至量爪接触工件被测量面，切忌使量爪测量面与工件发生碰撞。多测几次，取它们的平均值作为测量结果。游标卡尺测量外径和宽度的方法如图 1-7 所示。

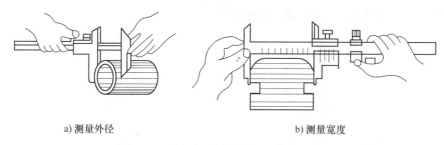

a) 测量外径   b) 测量宽度

图 1-7 游标卡尺测量外径和宽度的方法

（6）游标卡尺的维护与保养

1）按操作规程使用游标卡尺。

2）禁止把游标卡尺当扳手、划线工具、卡钳、卡规使用。

3）不能使用游标卡尺测量毛坯件尺寸。

4）游标卡尺损坏后，应送有关部门修理，并经检验合格后才能使用。

5）不能在游标卡尺尺身处做记号或打钢印。

6）不要将游标卡尺放在磁场附近。

7）游标卡尺及量具盒应平放。

（7）游标卡尺的用途及使用方法 游标卡尺可以测量工件外尺寸、内尺寸、深度等。游标卡尺的使用方法如图 1-8 所示。

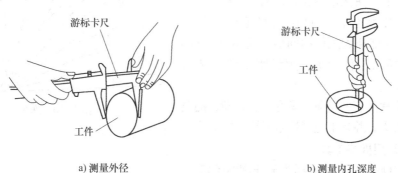

a) 测量外径   b) 测量内孔深度

图 1-8 游标卡尺的使用方法

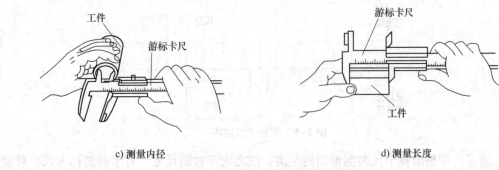

c) 测量内径　　　　　　　　　　　　　　d) 测量长度

图1-8　游标卡尺的使用方法（续）

2. 游标深度卡尺

游标深度卡尺的构造与使用方法如图1-9所示。它主要用来测量工件的沟槽、台阶、孔等的深度。其读数方法、注意事项与游标卡尺相同。

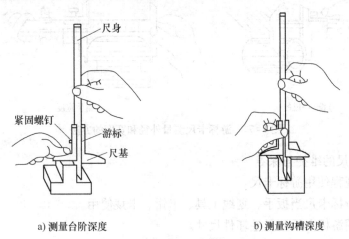

a) 测量台阶深度　　　　　　　　　　b) 测量沟槽深度

图1-9　游标深度卡尺的构造与使用方法

3. 塞尺

塞尺如图1-10所示。它由不同厚度的金属薄片组成，是用于检测两个接合面之间间隙的量具。

使用塞尺时，根据间隙的大小，可将一片或数片金属薄片叠合在一起插入间隙内。若用0.40mm的塞尺能插入工件的间隙，而用0.45mm的塞尺不能插入工件间隙，则说明工件间隙为0.40～0.45mm。

塞尺的金属片有的很薄，易弯曲和折断，测量时不能用力太大，并且不能测量温度较高的工件。

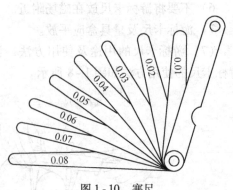

图1-10　塞尺

4. 几种常用拆装工具

（1）螺钉旋具　用于装拆头部开槽的螺钉。

1）一字槽螺钉旋具。这种旋具（见图1-11）应用广泛，其规格以旋具体部分的长度表示，常用的规格有 100mm、150mm、200mm、300mm 和 400mm 等。使用时应根据螺钉沟槽的宽度选用相应的规格。

2）十字槽螺钉旋具。这种旋具（见图 1-12）主要用于装拆头部带十字槽的螺钉。其优点是不易从槽中滑出。

图 1-11　一字槽螺钉旋具　　　　　　　图 1-12　十字槽螺钉旋具

3）快速旋具。如图 1-13 所示，推压手柄，使螺旋杆通过来复孔转动，可以快速装拆小螺钉，提高装拆速度。

4）弯头旋具。这种旋具（见图 1-14）两端各有一个刃口，两者相互垂直，适用于螺钉头顶部空间受限制的拆装场合。

图 1-13　快速旋具　　　　　　　　　　图 1-14　弯头旋具

（2）扳手　扳手是用来装拆螺钉、螺栓及螺母的，常用工具钢、合金钢或可锻铸铁制成。扳手有通用扳手、专用扳手和特种扳手三种类型。

1）通用扳手。通用扳手即活扳手（见图 1-15），其开口尺寸在一定范围内调节。使用时应让其固定钳口承受主要作用力，否则容易损坏扳手。其规格用长度表示。

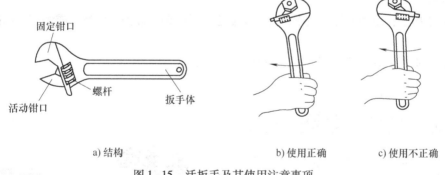

固定钳口　　螺杆　　扳手体　　活动钳口

a) 结构　　　　　　b) 使用正确　　　　c) 使用不正确

图 1-15　活扳手及其使用注意事项

2）专用扳手。其分为呆扳手、整体扳手、套筒扳手、钳形扳手和内六角扳手。

① 呆扳手：用于装拆六角形或方头的螺母或螺钉，有单头和双头之分。其开口尺寸与螺母或螺钉对边间距的尺寸相适应，并根据标准尺寸做成一套，如图 1-16a 所示。

② 整体扳手：分为正方形扳手、六角形扳手、十二角形扳手（梅花扳手）等。其只要转过 30°，就可以改换方向再扳，适用于工作空间狭小，不能容纳普通扳手的场合，如图 1-16b 所示。

③ 套筒扳手：由一套尺寸不等的梅花套筒组成。在受结构限制，其他扳手无法装拆或需要节省装拆时间时采用，使用方便，工作效率较高，如图 1-16c 所示。

④ 钳形扳手：专门用来拆卸和锁紧各种结构的圆形螺母，如图 1-16d 所示。

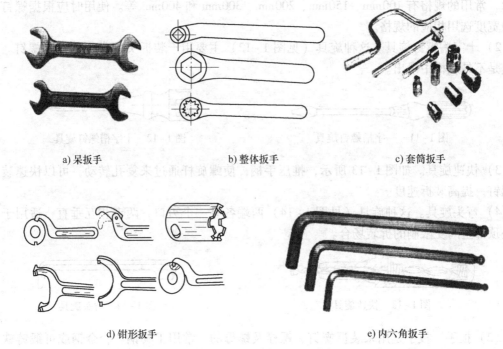

a) 呆扳手   b) 整体扳手   c) 套筒扳手

d) 钳形扳手   e) 内六角扳手

图 1 - 16　专用扳手

⑤ 内六角扳手：用于装拆内六角螺钉。成套的内六角扳手，可供装拆 M4 ～ M30 的内六角螺钉，如图 1 - 16e 所示。

3）特种扳手

① 棘轮扳手：使用方便，效率较高，反复摆动手柄即可逐渐拧紧螺母或螺钉，如图 1 - 17a 所示。

② 管子扳手：用于管子的装拆，如图 1 - 17b 所示。

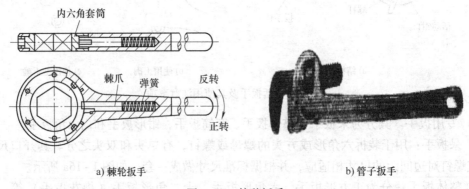

内六角套筒

棘爪　　弹簧　　反转

正转

a) 棘轮扳手   b) 管子扳手

图 1 - 17　特种扳手

（3）顶拔器　如图 1 - 18 所示，它用于轴端零部件的拆卸，如各种带轮、齿轮、轴承等圆形工件。工作时作直线静拉件，既方便又省力，性能稳定。

应用时，为了不破坏轴端孔内螺纹，应该安装一个内六角螺钉，可以起到定位和防止螺纹孔损坏的作用。

常用的顶拔器有电动顶拔器和普通顶拔器两种。

（4）卡簧钳　如图 1 - 19 所示，它用于拆装固定轴承的卡簧（弹簧挡圈），使用时应注意防止卡簧（弹簧挡圈）弹飞伤人。

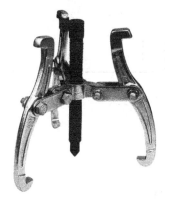

图 1 - 18　顶拔器

图 1 - 19　卡簧钳

四、任务准备

设备为 THMDZT—1 型机械装调技术综合实训装置，共 10 台。所需工、量具及材料见表 1 - 1。

表 1 - 1　所需工、量具及材料

序号	名称	规格	数量	序号	名称	规格	数量
1	内六角扳手	—	10 把	7	纯铜棒	—	10 根
2	活扳手	250mm	10 把	8	长柄一字槽螺钉旋具	250mm	10 把
3	钩形扳手	M16、M27	10 把	9	三爪顶拔器	160mm	10 个
4	轴用卡簧钳	直嘴、尖嘴	10 套	10	零件盒	250mm×400mm	若干
5	橡胶锤	—	10 个	11	砂纸	—	若干
6	塞尺	—	10 个	12	棉纱	—	若干

五、任务实施

对 THMDZT—1 型机械装调技术综合实训装置的变速箱进行拆卸。操作步骤如下：

1）先用内六角扳手拆卸变速箱的四个地脚螺栓，以使变速箱能自由移动。

2）用顶拔器将齿轮、带轮和链轮拆下。

3）用十字槽螺钉旋具将上封盖螺钉拆下。

4）用内六角扳手、铜棒和铁锤等工具将滑动轴 1 和滑动轴 2 拆下。

5）用内六角扳手、铜棒和铁锤等工具将输出轴 1 和输出轴 2 拆下。

6）用内六角扳手、铜棒和铁锤等工具将固定轴 1 和固定轴 2 拆下。

六、自我检测

分别读出图1-20所示标尺的正确读数。

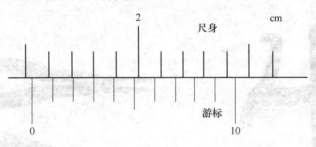

a) 标尺一

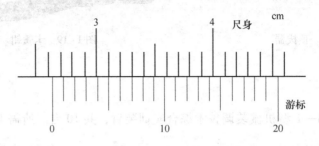

b) 标尺二

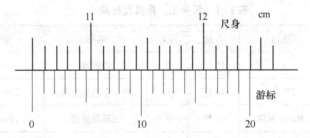

c) 标尺三

d) 标尺四

e) 标尺五

图1-20 读数

子任务二　变速箱固定轴 2 的装配与调整

学习目标

1. 掌握轴上零件的轴向和周向固定方法。
2. 能对轴上零件进行正确的装配与调整。

一、任务描述

在设备的安装或检修过程中，对轴上零件轴向和周向定位的可靠性要求高。掌握轴上零件轴向和周向的定位方法，能够为将来设备安装与检修打下良好的基础。

通过子任务一，完成了 THMDZT—1 型机械装调技术综合实训装置变速箱的拆卸。为了快速恢复生产，准备用备用齿轮和轴承重新组装该变速箱。其装配顺序要遵循由内到外、由下到上的原则。从该变速箱的装配图看，最下面的一根轴是固定轴 2，因此本次工作任务是固定轴 2（见图 1 - 21）的装配与调整。

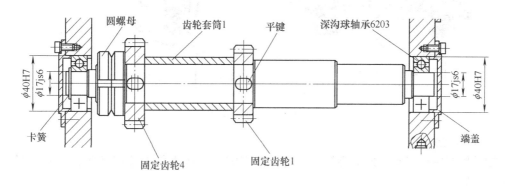

图 1 - 21　固定轴 2 的装配图

二、问题引导

问题 1：轴的主要作用是什么？

问题 2：根据承载情况的不同，直轴分为哪几类？固定轴 2（见图 1 - 21）属于哪类轴？

问题 3：轴上零件的轴向固定方法有哪几种？固定齿轮 4（见图 1 - 21）的轴向是怎样固定的？

问题 4：轴上零件的周向固定方法有哪几种？固定齿轮 4（见图 1 - 21）的周向是怎样固定的？

问题 5：变速箱中的三联滑移齿轮是如何进行周向固定的？

问题 6：固定轴 2（见图 1 - 21）由哪几种零件组成？说出每种零件的数量。

问题 7：找出装配固定轴 2（见图 1 - 21）所能用到的工、量具。

三、相关知识

轴在人们的生产、生活中到处可见，如减速器中的转轴、自行车中的心轴、汽车中的传动轴以及内燃机中的曲轴等，如图1-22所示。

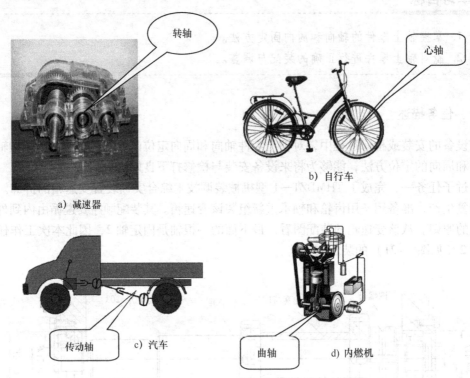

图1-22 轴的应用

1. 轴的用途和分类

轴是机器中最基本、最重要的零件之一。它的主要作用是支撑回转零件（如齿轮、带轮等）、传递运动和动力。

对轴的一般要求是具有足够的强度、合理的结构和良好的工艺性。

根据轴线形状的不同，轴可分为直轴、曲轴和挠性钢丝软轴（简称挠性轴），见表1-2。

表1-2 轴的主要类型及应用特点

轴的类型		外形图	应用特点
直轴	光轴		光轴形状简单，加工容易，应力集中源较少，但轴上零件不易装配及定位，如自行车心轴、车床光杠等
	阶梯轴		阶梯轴加工困难，应力集中源较多，容易实现轴上零件的装配及定位，如减速器中的轴等

（续）

轴的类型	外形图	应用特点
曲轴		曲轴常用于将回转运动转变为直线往复运动或将直线往复运动转变为回转运动。曲轴主要用于各类发动机中，如内燃机、空气压缩机、活塞泵及冲压机构中的轴等
挠性钢丝软轴（挠性轴）	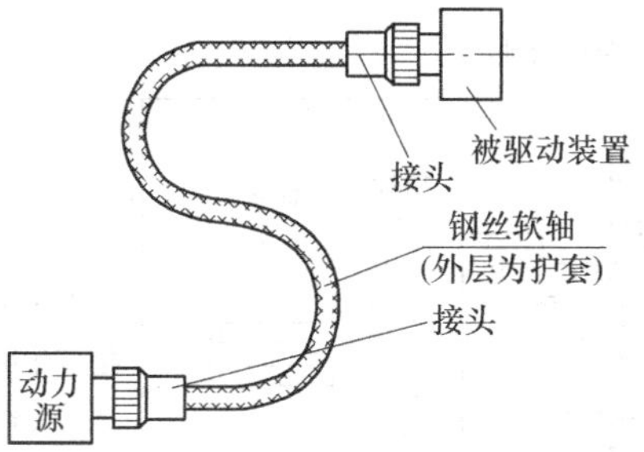	挠性轴由几层紧贴在一起的钢丝构成，可以把回转运动灵活地传到任何位置，适用于连续振动的场合，具有缓和冲击的作用，常用于医疗器械和电动手持小型机具（如铰孔机、刮削机）中

　　根据承载情况的不同，直轴又可以分为心轴、传动轴和转轴三类。心轴、传动轴和转轴的承载情况举例及应用特点见表1-3。

表1-3　心轴、传动轴和转轴的承载情况举例及应用特点

类型		承载情况举例	应用特点
心轴	转动心轴	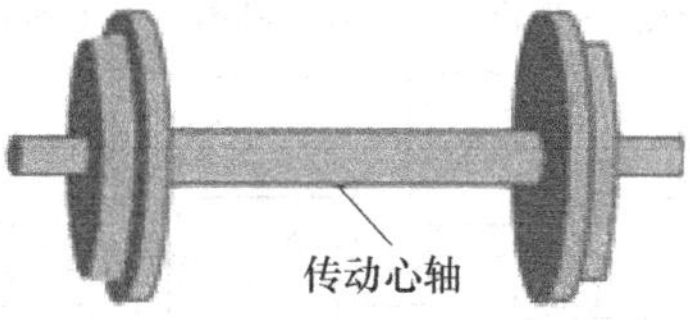 　传动心轴　火车轮轴	工作时只承受弯矩作用，起支撑作用
	固定心轴	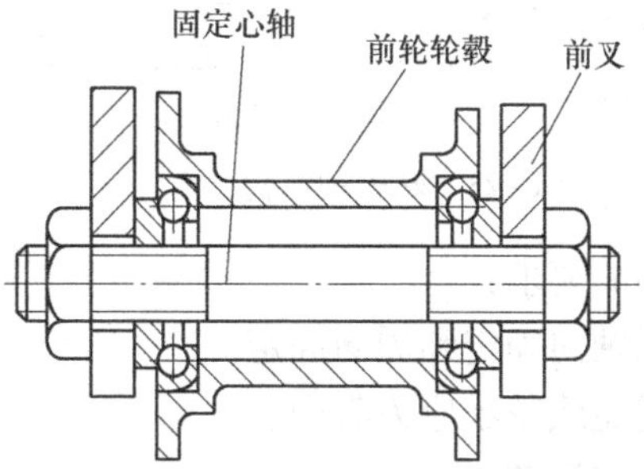 　固定心轴　前轮轮毂　前叉　自行车前轴	

（续）

类型	承载情况举例	应用特点
传动轴	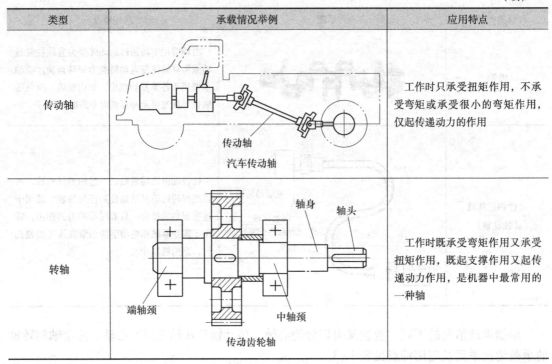 传动轴 汽车传动轴	工作时只承受扭矩作用，不承受弯矩或承受很小的弯矩作用，仅起传递动力的作用
转轴	轴身　轴头 端轴颈　中轴颈 传动齿轮轴	工作时既承受弯矩作用又承受扭矩作用，既起支撑作用又起传递动力作用，是机器中最常用的一种轴

2. 转轴的结构

图 1-23 所示为齿轮减速器中的转轴。轴上各段按其作用可分别称为轴头、轴颈和轴身。

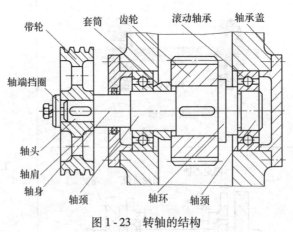

带轮　套筒　齿轮　滚动轴承　轴承盖

轴端挡圈

轴头
轴肩
轴身　轴颈　　　　轴环　轴颈

图 1-23　转轴的结构

轴的结构应满足以下三个方面的要求：

第一，轴上的零件要有可靠的轴向固定和周向固定。

第二，轴应便于加工和尽量避免或减小应力集中。

第三，应便于轴上零件的安装与拆卸。

（1）轴上零件的固定

1）轴向固定。轴上零件轴向固定的目的是保证零件在轴上有确定的轴向位置，防止零件做轴向移动，并能承受轴向力。常用的轴向固定方法、结构特点及应用见表1-4。

表1-4　轴上零件的轴向固定方法、结构特点及应用

类型	固定方法及简图	结构特点及应用
圆螺母	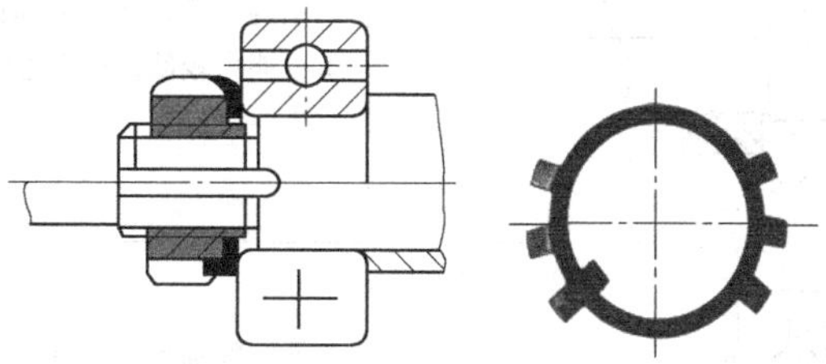	固定可靠，拆装方便，承受较大的轴向力，能调整轴上零件之间的间隙；为防止松脱，必须加止动垫圈或使用双螺母；由于在轴上切制了螺纹，使轴的强度降低。常用于轴上零件距离较大处及轴端零件的固定
轴肩与轴环	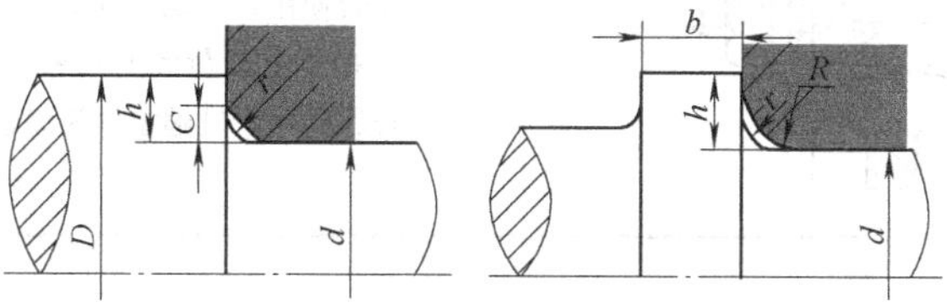	应使轴肩、轴环的过渡圆角半径 r 小于轴上零件孔端的圆角半径 R 或倒角 C（即 $r<R$ 或 $r<C$），这样才能使轴上零件的端面紧靠定位面。结构简单，定位可靠，能承受较大的轴向力，广泛用于各种轴上零件的定位
套筒	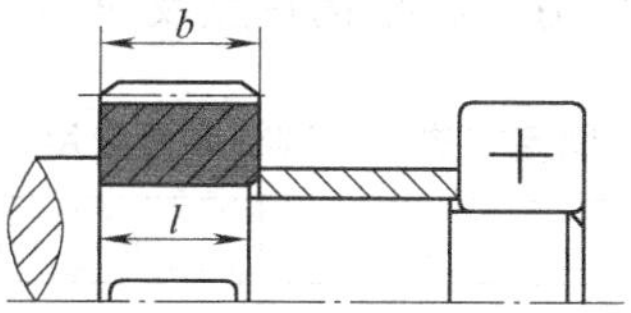	结构简单，定位可靠，适用于轴上零件间距离较小的场合，当轴的转速很高时不宜采用
轴端挡圈	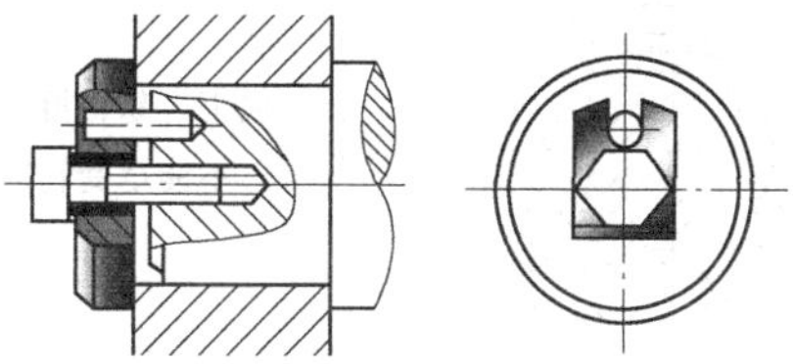	工作可靠，结构简单，可承受剧烈振动和冲击载荷。使用时，应采取止动垫片、防转螺钉等防松措施。应用广泛，常用于固定轴端零件
弹性挡圈	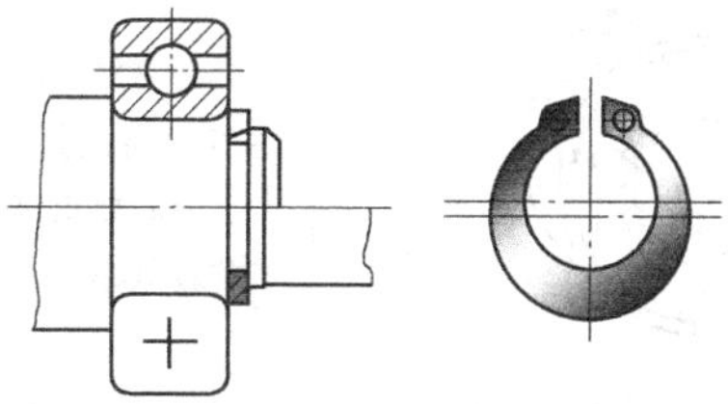	结构简单、紧凑，拆装方便，但只能承受很小的轴向力；需要在轴上切槽，这将引起应力集中。常用于滚动轴承的固定
轴端挡板	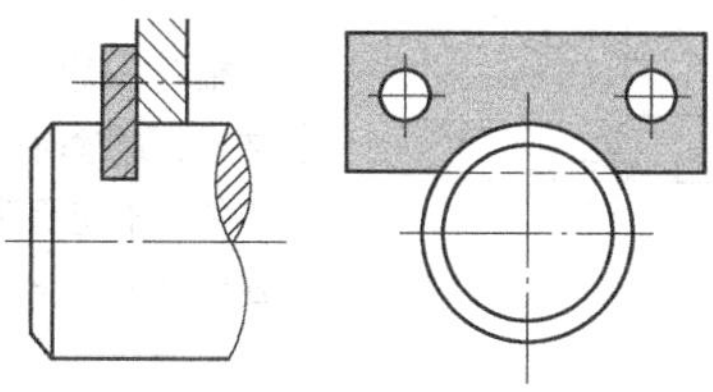	结构简单，常用于心轴上零件的固定和轴端固定

（续）

类型	固定方法及简图	结构特点及应用
紧定螺钉与挡圈	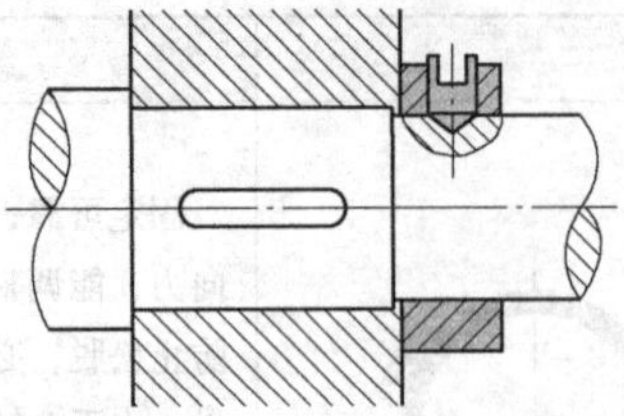	结构简单，同时起周向固定作用，但承载能力较低，且不适用于高转速场合
圆锥面	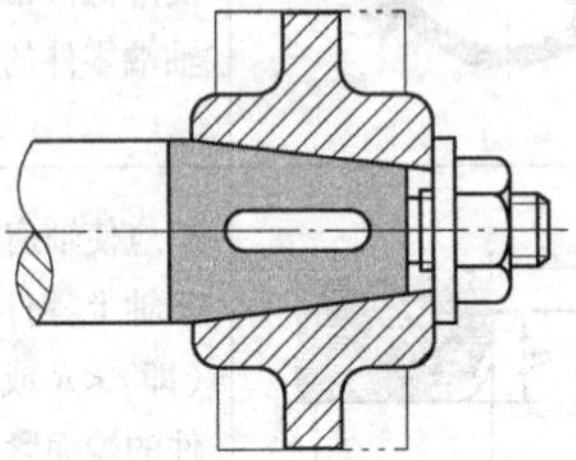	能消除轴与轮毂间的径向间隙，拆装方便，可兼作周向固定。常与轴端挡圈联合便用，实现零件的双向固定，适用于有冲击载荷和对中性要求较高的场合，常用于轴端零件的固定

2）周向固定。轴上零件周向固定的目的是保证轴能可靠地传递运动和转矩，防止轴上零件与轴产生相对转动。轴上零件的周向固定方法、结构特点及应用见表1-5。

表1-5　轴上零件的周向固定方法、结构特点及应用

类型	固定方法及简图	结构特点及应用
平键联接	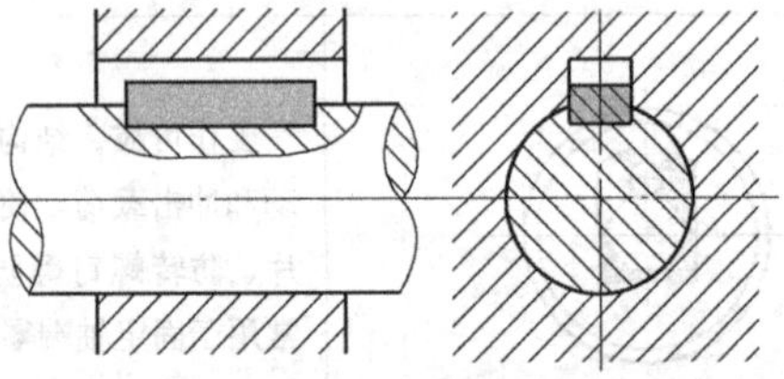	加工容易，拆装方便，但轴向不能固定，不能承受轴向力
花键联接	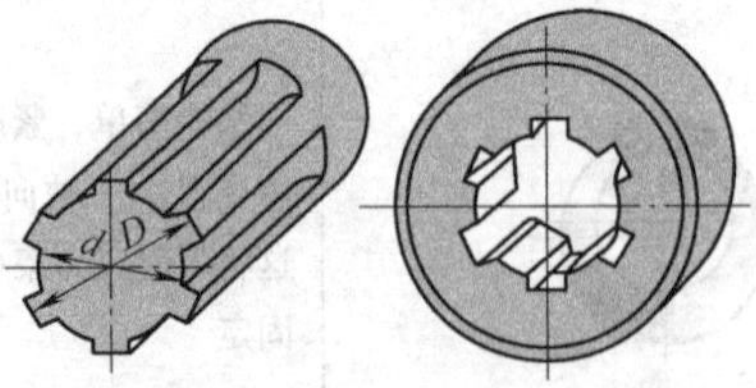	具有接触面积大、承载能力强、对中性和导向性好等特点，适用于载荷较大、定心要求高的静、动连接。其加工工艺较复杂，成本较高
销钉联接	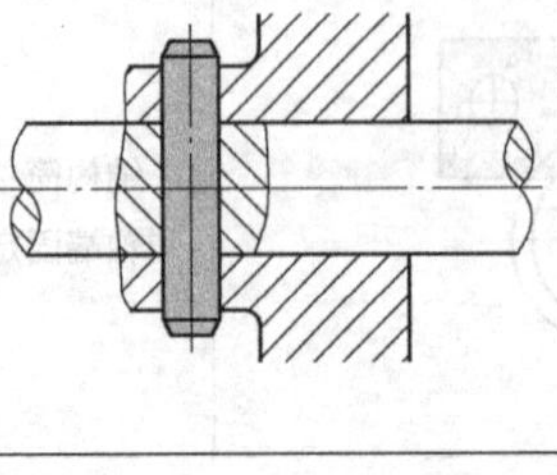	轴向、周向都可以固定，常用作安全装置，过载时可被剪断，防止损坏其他零件。不能承受较大载荷，销孔对轴的强度有削弱作用

（续）

类型	固定方法及简图	结构特点及应用
紧定螺钉		紧定螺钉端部拧入轴上凹坑实现固定。结构简单，不能承受较大载荷，只适用于辅助连接
过盈配合		同时有轴向和周向固定作用，对中精度高，选择不同的配合有不同的连接强度。不适用于重载和经常拆装的场合

（2）轴上常见的工艺结构　轴的结构工艺性是指轴的结构应便于加工，便于轴上零件的装配和维修，并且能提高生产率、降低成本。一般来说，轴的结构越简单，工艺性就越好。所以，在满足使用要求的前提下，轴的结构应尽量简化。

1）轴的结构应便于加工、装配和维修。

2）阶梯轴的直径应该是中间大、两端小，以便于轴上零件的拆装，如图1-24所示。

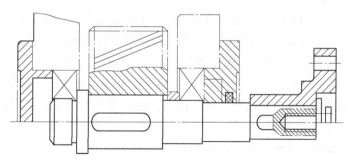

图1-24　轴上常见的工艺结构

3）轴端、轴颈与轴肩（或轴环）的过渡部位应用倒角或过渡圆角，以便于轴上零件的装配，避免划伤配合表面，减小应力集中。应尽可能使倒角（或圆角半径）一致，以便于加工。

4）若轴上需要切制螺纹或进行磨削，则应有螺纹退刀槽（见图1-25）或砂轮越程槽（见图1-26）。

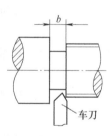

图1-25　螺纹退刀槽

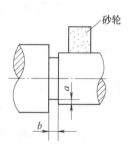

图1-26　砂轮越程槽

5) 当轴上有两个以上的键槽时，槽宽应尽可能相同，并布置在同一母线上，以便于加工。

四、任务准备

设备为 THMDZT—1 型机械装调技术综合实训装置，共 10 台。所需工、量具及材料见表 1-6。

表 1-6 所需工、量具及材料

序号	名称	规格	数量	序号	名称	规格	数量
1	内六角扳手	—	10 把	7	橡胶锤	—	10 把
2	活扳手	250mm	10 套	8	纯铜棒	—	10 根
3	钩形扳手	M16、M27	10 把	9	长柄一字槽螺钉旋具	250mm	10 把
4	轴用卡簧钳	直嘴、尖嘴	10 套	10	塞尺		10 套
5	游标卡尺	300mm	10 把	11	棉纱	—	若干
6	轴承装配套筒	自制	10 个	12	砂纸	—	若干

五、任务实施

对变速箱中的固定轴 2 进行装配与调整。具体操作步骤为：用轴承专用套筒将深沟球轴承压装到固定轴 2 的游动端，使固定轴 2 的另一端从变速箱箱体的相应孔中穿过，先给第一个键槽装上平键并装上固定齿轮 1，装好齿轮套筒 1，再给第二个键槽装上平键并装上固定齿轮 4，装紧两个圆螺母（双圆螺母锁紧），然后将游动端的轴承打入箱体孔中，并装上端盖，最后将另一端的深沟球轴承也打入箱体孔中，通过轴用卡簧将轴承固定，并装上端盖。端盖与箱体之间通过测量增加相应厚度的青稞纸垫片。

特别提示：安装游动端端盖时，应选择 0.3mm 厚的青稞纸垫片，并将青稞纸垫片上涂上润滑脂，安装在端盖与变速箱侧板之间。

六、自我检测

（一）选择题

1. 自行车前轴是（　　）。

A. 固定心轴　　　　　　　　B. 转动心轴　　　　　　　　C. 转轴

2. 在机床设备中，最常用的轴是（　　）。

A. 传动轴　　　　　　　　　B. 转轴　　　　　　　　　　C. 曲轴

3. 车床的主轴是（　　）。

A. 传动轴　　　　　　　　　B. 心轴　　　　　　　　　　C. 转轴

4. 传动齿轮轴是（　　）。

A. 转轴　　　　　　　　　　B. 心轴　　　　　　　　　　C. 传动轴

5. 既支撑回转零件，又传递力的轴称为（　　）。

A. 心轴　　　　　　　　　　B. 转轴　　　　　　　　　　C. 传动轴

（二）判断题

1. 曲轴常用于实现旋转运动与直线往复运动转换的机械中。　　　　　（　　）
2. 工作时只起支撑作用的轴称为传动轴。　　　　　　　　　　　　（　　）
3. 心轴在实际应用中都是固定的。　　　　　　　　　　　　　　　（　　）
4. 转轴是在工作中既承受弯矩作用又传递扭矩的轴。　　　　　　　（　　）
5. 按轴的轴线形状不同，轴可分为曲轴和直轴。　　　　　　　　　（　　）

子任务三　变速箱固定轴1的装配与调整

 学习目标

1. 掌握滚动轴承的结构、类型及代号。
2. 掌握滚动轴承的安装、润滑与密封方法。

一、任务描述

轴承在机械设备中应用极为广泛，掌握轴承的结构、类型及轴承的安装与调整技能是十分必要的。固定轴1上应用了6203和7203这两种型号的轴承。通过子任务二，完成了该变速箱中第一根轴（固定轴2）的安装与调试，遵循由下到上的装配原则，固定轴2上面的轴是固定轴1，因此本次工作任务是固定轴1（见图1-27）的装配与调整。

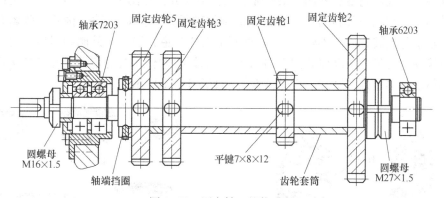

图1-27　固定轴1的装配图

二、问题引导

问题1：按摩擦性质的不同，轴承可分为几大类？

问题2：滚动轴承由哪几部分组成？

问题3：说出6203和7202这两种轴承型号的含义。

问题4：成对使用的角接触球轴承有几种装配方式？固定轴1上的7203轴承是采用哪种方式进行安装的？

问题5：固定轴1上的6203轴承内圈是如何实现轴向和周向固定的？

问题6：固定轴1上的7203轴承外圈是如何实现轴向和周向固定的？

问题7：找出固定轴1上四个齿轮的参数，并计算它们的齿顶圆直径。

三、相关知识

在机器中，轴承的作用是支撑转动的轴及轴上零件，并保持轴的正常工作位置和旋转精度。因为轴承性能直接影响机器的使用性能，所以轴承是机器的重要组成部分。

根据摩擦性质的不同，轴承分为滚动轴承（见图1-28a）和滑动轴承（见图1-28b）两大类。

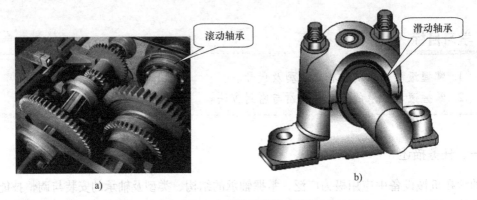

图1-28　滚动轴承和滑动轴承

1. 滚动轴承的结构

滚动轴承一般由内圈、外圈、滚动体和保持架组成，如图1-29所示。一般情况下，内圈装在轴颈上，与轴一起转动；外圈装在机座的轴承孔内固定不动（惰轮、张紧轮、压紧轮装配的轴承外圈转，内圈不转）。内、外圈上设置滚道，当内、外圈相对旋转时，滚动体沿着滚道滚动。常见的滚动体如图1-30所示。保持架的作用是分隔两个相邻的滚动体，以减少滚动体之间的碰撞和磨损。常见的保持架如图1-31所示。

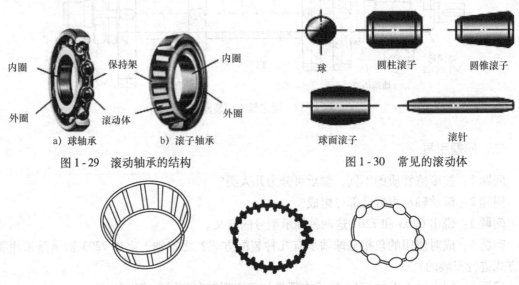

图1-29　滚动轴承的结构　　　　图1-30　常见的滚动体

图1-31　常见的保持架

2. 滚动轴承的类型

为满足各种不同工况条件的要求，滚动轴承有多种类型。常用滚动轴承的类型和特性见表1-7。

表1-7　常用滚动轴承的类型和特性（GB/T 271—2008）

轴承名称		结构图	简图及承载方向	类型代号	基本特性
调心球轴承				1	主要承受径向载荷，同时可承受少量双向轴向载荷。外圈内滚道为球面，能自动调心，允许角偏差小于3°。适用于弯曲刚度小的轴
调心滚子轴承				2	主要承受径向载荷，同时能承受少量双向轴向载荷，其承载能力比调心球轴承大；具有自动调心性能，允许角偏差小于2.5°。适用于重载和冲击载荷的场合
推力调心滚子轴承				2	可以承受很大的轴向载荷和不大的径向载荷，允许偏差小于3°。适用于重载和要求调心性能好的场合
圆锥滚子轴承				3	能同时承受较大的径向载荷和轴向载荷，内、外圈可分离，通常成对使用，对称布置安装
双列深沟球轴承				4	主要承受径向载荷，也能承受一定的双向轴向载荷。它比深沟球轴承的承载能力大
推力球轴承	单向		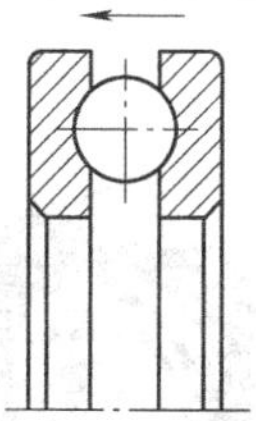	5（5100）	只能承受单向轴向载荷，适用于轴向载荷大、转速不高的场合
	双向		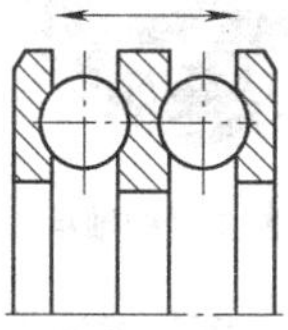	5（5200）	可承受双向轴向载荷，适用于轴向载荷大、转速不高的场合

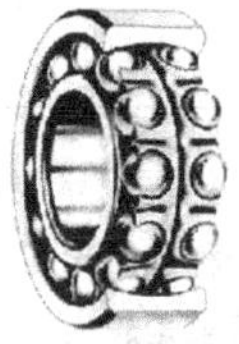

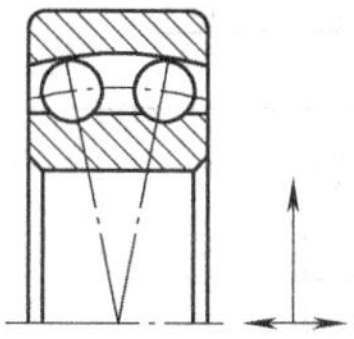

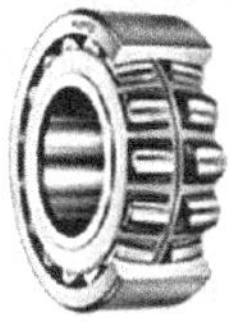

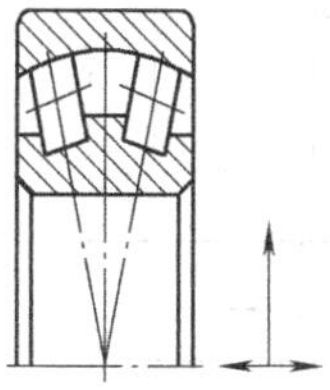

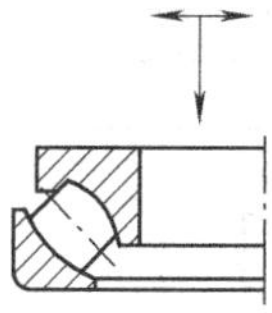

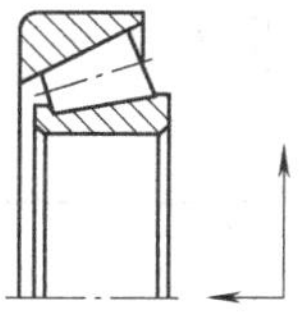

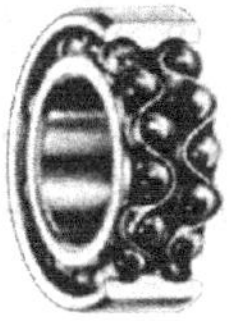

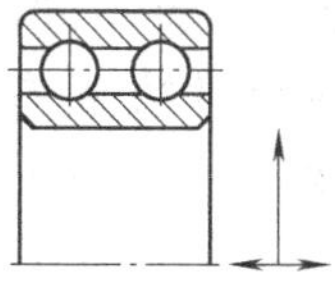

（续）

轴承名称	结构图	简图及承载方向	类型代号	基本特性
深沟球轴承			6	主要承受径向载荷，也可同时承受少量双向轴向载荷。摩擦阻力小，极限转速高，结构简单，价格便宜，应用广泛
角接触球轴承（锁口在外圈）			7	能同时承受径向载荷与轴向载荷。公称接触角 α 有15°、25°、40°三种，接触角越大，承受轴向载荷的能力也越大。适用于转速较高，同时承受径向载荷和轴向载荷的场合
推力圆柱滚子轴承			8	能承受很大的单向轴向载荷，承载能力比推力球轴承大得多，不允许有角偏差
圆柱滚子轴承（外圈无挡边）			N	外圈无挡边，只能承受纯径向载荷。与球轴承相比，承受载荷的能力较大，尤其是承受冲击载荷的能力，但极限转速较低

3. 滚动轴承的代号

滚动轴承的类型很多，同一类型的轴承又有不同的结构、尺寸、公差等级和技术性能等。例如，较为常用的深沟球轴承，在尺寸方面有不同的内径、外径和宽度（见图1-32a），在结构上有带防尘盖的轴承（见图1-32b）和外圈上有止动槽的轴承（见图1-32c）等。

a) 不同尺寸的轴承　　　　b) 带防尘盖的轴承　　　　c) 外圈上有止动槽的轴承

图1-32　深沟球轴承

为了表示各类滚动轴承的结构、尺寸、公差等级、技术参数等特征，GB/T 272—1993 规定了滚动轴承代号。滚动轴承代号由基本代号、前置代号及后置代号构成，其排列顺序如下：

前置代号	基本代号	后置代号

（1）基本代号　基本代号是轴承代号的基础，用来表示轴承的基本类型、结构和尺寸。基本代号由三部分组成，排列顺序如下：

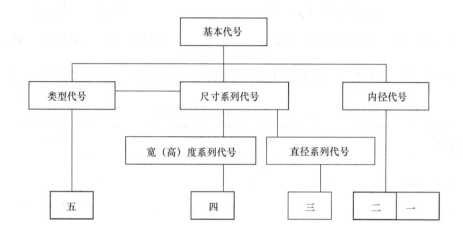

1）类型代号。类型代号用数字或字母表示，见表1-8。

表1-8　轴承类型代号（GB/T 272—1993）

类型代号	轴承类型	类型代号	轴承类型
0	双列角接触球轴承	6	深沟球轴承
1	调心球轴承	7	角接触球轴承
2	调心滚子轴承和推力调心滚子轴承	8	推力圆柱滚子轴承
3	圆锥滚子轴承	N	圆柱滚子轴承（双列或多列用NN表示）
4	双列深沟球轴承	U	外球面球轴承
5	推力球轴承	QJ	四点接触球轴承

注：在表中代号后或前加字母或数字表示该类轴承中的不同结构。

2）尺寸系列代号。尺寸系列代号由轴承的宽（高）度系列代号和直径系列代号组合而成。

①宽（高）度系列代号。宽（高）度系列代号表示内、外径相同而宽（高）度不同的轴承系列。以圆锥滚子轴承为例，其宽度系列示意图如图1-33所示。

②直径系列代号。直径系列代号表示同一内径而不同外径的轴承系列。以深沟球轴承为例，其直径系列示意图如图1-34所示。

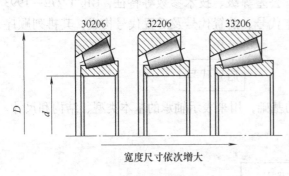

图1-33 圆锥滚子轴承宽度系列示意图

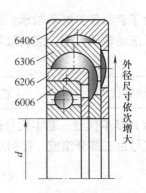

图1-34 深沟球轴承直径系列示意图

3）内径代号。内径代号表示轴承内径尺寸的大小。滚动轴承常用内径代号见表1-9。

表1-9 滚动轴承常用内径代号

轴承公称内径/mm		内径代号	示例
10~17	10	00	深沟球轴承6200 $d = 10$mm
	12	01	
	15	02	
	17	03	
20~480 （22，28，32除外）		公称内径除以5的商数，商数为个位数，需在商数左边加"0"如08	调心滚子轴承23208 $d = 40$mm
≥500及22，28，32		用公称内径毫米数直接表示。但与尺寸系列之间用"/"分开	调心滚子轴承230/500 $d = 500$mm 深沟球轴承62/22 $d = 22$mm

注：此表代号不表示滚针轴承的代号。

滚动轴承基本代号一般由五个数字或字母组成，当宽度系列为"0"时，可省略。例如轴承代号7210，其7表示角接触球轴承，2表示直径系列2，10表示内径为50mm。

（2）前置代号和后置代号

1）前置代号表示成套轴承分部件，用字母表示，如L表示可分离轴承的可分离内圈或外圈，K表示滚子和保持架组件等。

2）后置代号是轴承在结构、尺寸公差、技术要求等方面有改变时，在基本代号右侧添加的补充代号，一般用字母（或加数字）表示，与基本代号相距半个汉字的距离。后置代号共分八组，其中第一组是内部结构，表示内部结构变化情况。现以角接触球轴承的接触角变化为例，说明其标注含义。

① 角接触球轴承，公称接触角 $\alpha = 15°$ 时标注为7210C。

② 角接触球轴承，公称接触角 $\alpha = 25°$ 时标注为 7210AC。

③ 角接触球轴承，公称接触角 $\alpha = 40°$ 时标注为 7210B。

3）公差等级代号。滚动轴承的公差等级分为六级，其代号用"/P＋数字"表示。数字代表公差等级，分为 0、6、6x、5、4、2 六级。其中，2 级精度最高；0 级精度为普通级，应用最广，其代号通常可不标。

4）游隙代号。游隙是指轴承内、外圈之间的相对极限移动量。游隙代号用"/C＋数字"表示，数字为游隙组号。游隙组有 1、2、0、3、4、5 六组，游隙量按顺序由小到大排列，其中游隙 0 组为基本游隙。"/C0"在轴承代号中省略。

提示：轴承的公差等级代号与游隙代号需要同时表示时，可用公差等级代号加上游隙组号的组合形式表示。例如，"/P63"表示轴承的公差等级为 6 级，游隙为 3 组。

（3）滚动轴承代号实例　滚动轴承代号表示方法举例如下：

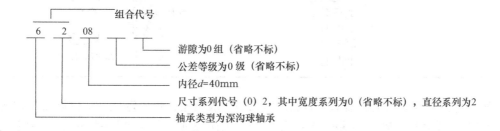

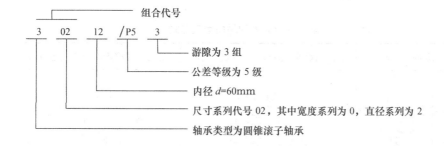

4. 滚动轴承的安装、预紧、润滑与密封

滚动轴承部件的组合安装是指把滚动轴承安装到机器中去，与轴、轴承座、润滑及密封装置等组成一个有机的整体。它包括轴承的布置、固定、调整、预紧和配合等。另外，在使用过程中为减少摩擦，防止灰尘侵入，也要采取相应的润滑和密封措施。在此只介绍滚动轴承与轴、轴承座孔之间的安装固定及其润滑和密封。

（1）滚动轴承的轴向固定　一般情况下，滚动轴承的内圈装在被支撑的轴颈上，外圈装在轴承座（或机座）孔内。安装滚动轴承时，对其内、外圈都要进行必要的轴向固定，以防止轴承运转时产生轴向窜动。

1）轴承内圈的轴向固定。轴承内圈在轴上通常用轴肩或套筒定位，定位端面与轴线要保持良好的垂直度。轴承内圈的轴向固定应根据所受轴向载荷的情况，适当选用轴端挡圈、圆螺母或轴用弹性挡圈等机件。常用轴承内圈的轴向固定形式见表 1-10。

表 1-10　常用轴承内圈的轴向固定形式

形式	利用轴肩的单向固定	利用轴肩和挡圈的双向固定
图例	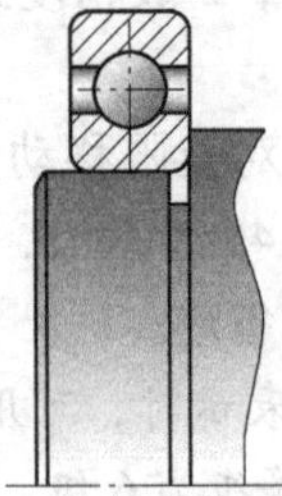	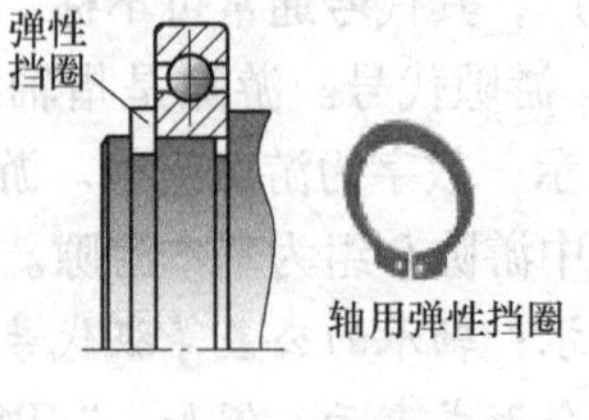 弹性挡圈 轴用弹性挡圈
图例	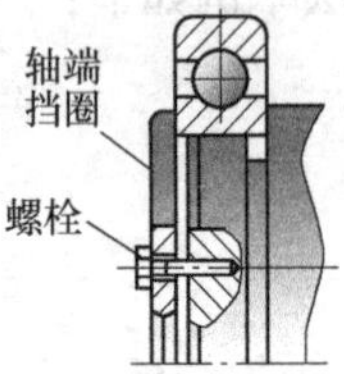 轴端挡圈 螺栓	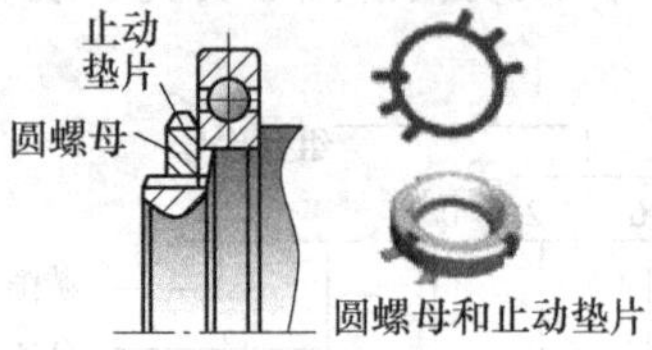 止动垫片 圆螺母 圆螺母和止动垫片

2) 轴承外圈的轴向固定。轴承外圈在机座孔中一般用座孔台肩定位,定位端面与轴线也需保持良好的垂直度。轴承外圈的轴向固定可采用轴承盖或孔用弹性挡圈等机件。常用轴承外圈的轴向固定形式见表 1-11。

表 1-11　常用轴承外圈的轴向固定形式

形式	利用轴承盖的单向固定	利用轴承盖和座孔台肩的双向固定	利用弹性挡圈和座孔台肩的双向固定
图例	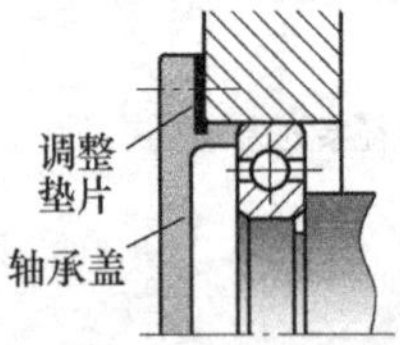 调整垫片 轴承盖	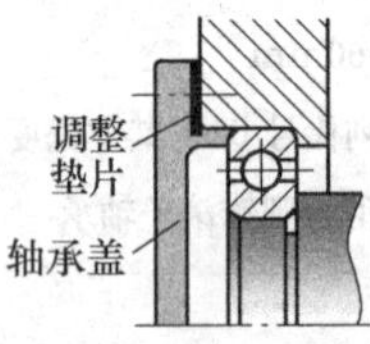 调整垫片 轴承盖	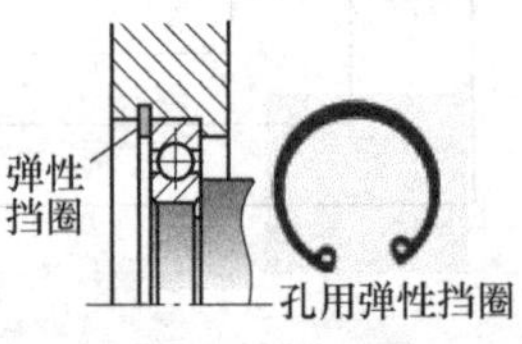 弹性挡圈 孔用弹性挡圈

(2) 滚动轴承的预紧　承受载荷较大、旋转精度要求较高的轴承,大都是在无游隙甚至有少量过盈的状态下工作的,这些都需要轴承在装配时进行预紧。预紧就是在装配轴承时,给轴承的内圈或外圈施加一个轴向力,以消除轴承游隙,并使滚动体与内、外圈接触处产生初变形。预紧能提高轴承在工作状态下的刚度和旋转精度。

1) 成对安装角接触球轴承时的预紧。角接触球轴承装配时有不同的布置方式。图 1-35a 所示为背对背式(外圈宽边相对)布置方式,图 1-35b 所示为面对面式(外圈窄边相对)布置方式,图 1-35c 所示为同向排列式布置方式。按图 1-35 所示箭头方向施加作用力,使轴承紧靠在一起,即可达到预紧的目的。在成对安装的轴承之间配置不同厚度的隔套,可得到不同的预紧力,如图 1-36 所示。

2) 用弹簧预紧。如图 1-37 所示,通过调整螺母,使弹簧产生不同的预紧力施加在轴承外圈上,达到预紧的目的。

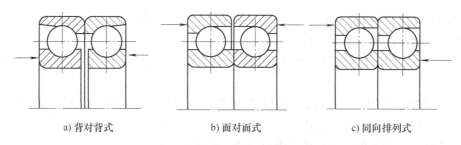

a) 背对背式　　　　b) 面对面式　　　　c) 同向排列式

图 1-35　成对安装角接触球轴承

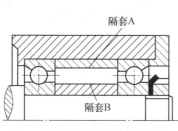

图 1-36　利用隔套长度差预紧

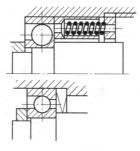

图 1-37　用弹簧预紧

3）通过调节轴承锥形孔内圈的轴向位置实现预紧。预紧的顺序是：先松开锁紧螺母中左边的一个螺母，再拧紧右边的螺母，通过隔套使轴承内圈向轴颈大端移动，使内圈直径增大，从而消除径向游隙，达到预紧的目的，最后再将锁紧螺母左边的螺母拧紧，以起到锁紧的作用，如图 1-38 所示。

4）用轴承内、外垫圈厚度差实现预紧，如图 1-39 所示。

（3）滚动轴承的润滑　滚动轴承润滑的目的在于减小摩擦阻力、降低磨损、缓冲吸振、冷却和防锈。

滚动轴承的润滑剂有液态的、固态的和半固态的。液态的润滑剂称为润滑油，半固态的且在常温下呈油膏状的润滑剂称为润滑脂。

1）脂润滑。润滑脂是一种黏稠的凝胶状材料，强度高，能承受较大的载荷，而且不易流失，便于密封和维护，一次充脂可以维持较长时间，无须经常补充或更换。由于润滑脂不适宜在高速条件下工作，故适用于轴颈圆周速度不高于 5m/s 的滚动轴承润滑。

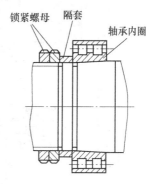

图 1-38　调节轴承锥形孔内圈的轴向位置进行预紧

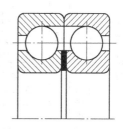

图 1-39　用垫圈预紧

提示：润滑脂的填充量一般不超过轴承空间的 2/3，以防摩擦发热量过大，影响轴承正常工作。

2）油润滑。与脂润滑相比，油润滑适用于轴颈圆周速度和工作温度较高的场合。应根据工作温度、载荷大小、运动速度和结构特点来选择适合的润滑油黏度。原则上，温度高、载荷大的场合，润滑油的黏度应选大一些；反之，润滑油的黏度应选小一些。油润滑的方式有浸油润滑、滴油润滑和喷雾润滑等。

3）固体润滑。固体润滑剂有石墨、二硫化钼（MoS_2）等多个品种，一般在重载或高温工作条件下使用。

（4）滚动轴承的密封　密封的目的是防止灰尘、水分、杂质等侵入轴承内部并阻止润滑剂流失。良好的密封可保证机器正常工作，降低噪声并延长轴承的使用寿命。滚动轴承常用密封方式有接触式密封和非接触式密封两类，见表1-12。

表1-12　滚动轴承常用密封方式

类型		图例	适用场合	说明
接触式密封	毛毡圈密封	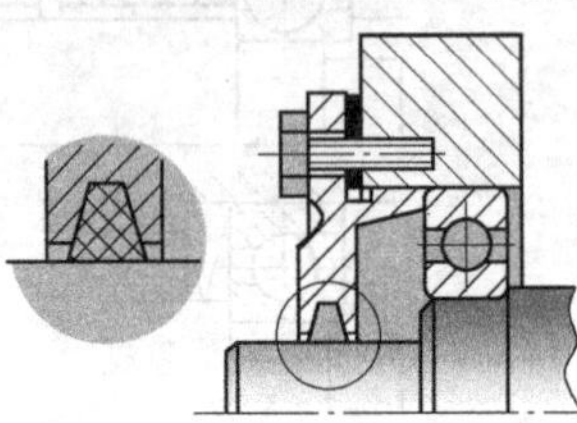	用于脂润滑，要求环境清洁，轴颈圆周速度不高于5m/s，工作温度不高于90℃	矩形断面的毛毡圈被安装在梯形槽内，对轴产生一定的压力而起到密封作用
	皮碗密封	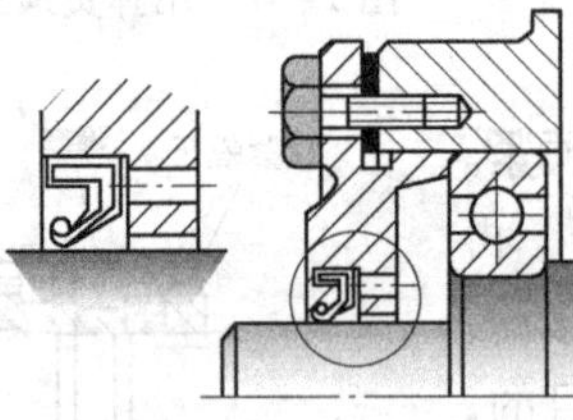	用于脂润滑或油润滑，要求轴颈圆周速度小于7m/s，工作温度不高于100℃	皮碗（又称油封）是标准件，其主要材料为耐油橡胶。安装时皮碗密封唇朝里，主要防止润滑剂泄漏；皮碗密封唇朝外，主要防止灰尘、杂质侵入
非接触式密封	间隙密封	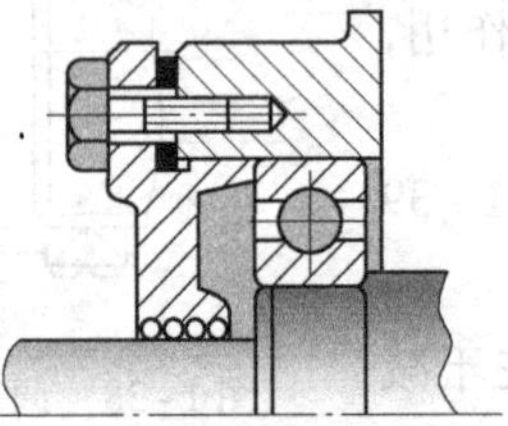	用于脂润滑，要求环境干燥、清洁	靠轴与轴承盖孔之间的细小间隙密封，间隙越小、越长，效果越好，间隙一般取0.1～0.3mm，油沟能增强密封效果
	曲路密封	径向 轴向 	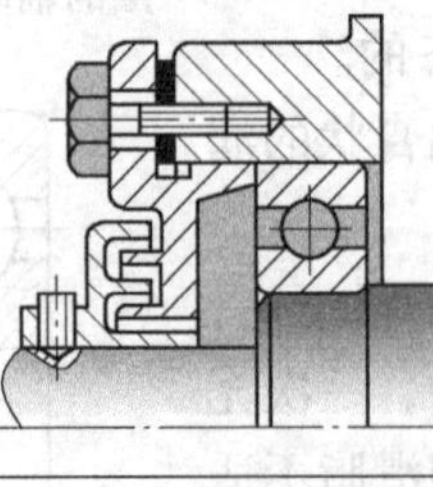 用于脂润滑或油润滑，要求密封效果可靠	将旋转件与静止件之间的间隙做成曲路形式，在间隙中填充润滑油或润滑脂以增强密封效果

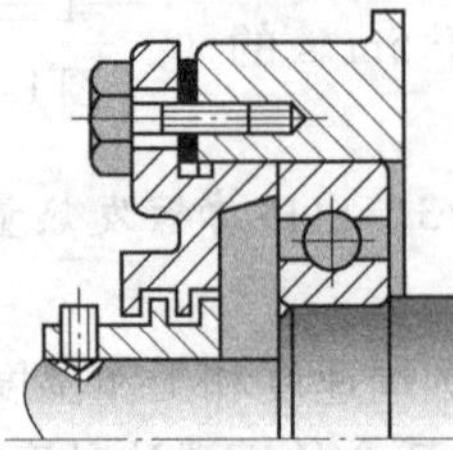

5. 滚动轴承的选用

（1）选择轴承时应考虑的因素

1）轴承工作载荷的大小、方向和性质。

2）轴承转速。

3）轴颈和安装空间允许的尺寸范围。

4）对轴承提出的特殊要求。

（2）滚动轴承选择的一般原则

1）球轴承与同尺寸、同精度的滚子轴承相比，它的极限转速和旋转精度较高，因此更适用于高速或旋转精度要求较高的场合。

2）滚子轴承比同尺寸的球轴承的承载能力大，承受冲击载荷的能力也较高，因此适用于重载及有一定冲击载荷的场合。

3）非调心的滚子轴承对于轴的挠曲敏感，因此这类轴承适用于刚性较好的轴和能保证严格对中的场合。

4）各类轴承内、外圈轴线相对偏转角不能超过许用值，否则会使轴承寿命降低，故在刚性较差或多支点轴上应选用调心轴承。

5）推力轴承的极限转速较低，因此在轴向载荷较大和转速较高的装置中，应采用角接触球轴承。

6）当轴承同时受较大的径向和轴向载荷且需要对轴向位置进行调整时，宜采用圆锥滚子轴承。

7）当轴承的轴向载荷比径向载荷大很多时，采用向心轴承和推力轴承两种不同类型轴承的组合来分别承担轴向和径向载荷，其效果和经济性都比较好。

8）考虑经济性，球轴承比滚子轴承价格便宜。另外，轴承的公差等级越高，价格越贵。

四、任务准备

设备为 THMDZT—1 型机械装调技术综合实训装置，共 10 台。所需工、量具及材料见表 1-13。

表 1-13　所需工、量具及材料

序号	名称	规格	数量	序号	名称	规格	数量
1	内六角扳手	—	10 把	7	橡胶锤	—	10 把
2	活扳手	250mm	10 套	8	纯铜棒	—	10 根
3	钩形扳手	M16、M27	10 把	9	长柄一字槽螺钉旋具	250mm	10 把
4	轴用卡簧钳	直嘴、尖嘴	10 套	10	塞尺	—	10 套
5	游标卡尺	300mm	10 把	11	棉纱	—	若干
6	轴承装配套筒	自制	10 个	12	砂纸	—	若干

五、任务实施

对变速箱中的固定轴 1 进行装配与调整。具体操作步骤如下：

1）将两个角接触球轴承（7203）以背靠背的装配形式安装在固定轴 1 上，中间加轴承内、外圈套筒，然后安装轴承座套和轴承透盖。轴承座和轴承透盖之间通过测量增加相适厚度的青稞纸垫片。

2）将轴端挡圈固定在轴上，按顺序安装四个齿轮、齿轮中间的齿轮套筒和平键后，装紧两个圆螺母，然后将轴承座套固定在箱体上，挤压深沟球轴承（6203）的内圈，把轴承安装在轴上，装上轴用卡簧，再装上轴承端盖。

3）在角接触球轴承侧套上轴承内圈预紧套筒，最后通过调整圆螺母来调整两角接触球轴承的预紧力。

特别提示：

1）圆柱齿轮啮合的齿面宽度差不超过 5%（即两个齿轮的错位）。若齿轮与齿轮之间有明显的错位，则用塞尺等工具检测错位值。通过紧挡圈、松圆螺母和松挡圈、紧圆螺母的方法进行两啮合齿轮啮合面宽度差的调整。

2）固定端透盖的安装：把固定端透盖的四颗螺钉预紧，用塞尺检测透盖与轴承室的间隙，然后选择一种厚度最接近间隙大小的青稞纸垫片，在上面涂上润滑脂，安装在透盖与轴承室之间。

六、自我检测

（一）选择题

1. 滚动轴承内圈通常在轴颈上，与轴（　　）转动。

A. 一起　　　　　　　　B. 相对　　　　　　　　C. 反向

2. 可同时承受径向载荷和轴向载荷，一般成对使用的滚动轴承是（　　）。

A. 深沟球轴承　　　　　B. 圆锥滚子轴承　　　　C. 推力球轴承

3. 主要承受径向载荷，外圈内滚道为球面，能自动调心的滚动轴承是（　　）。

A. 角接触球轴承　　　　B. 调心球轴承　　　　　C. 深沟球轴承

4. 主要承受径向载荷，也可同时承受少量双向轴向载荷，应用最广泛的滚动轴承是（　　）。

A. 推力球轴承　　　　　B. 圆柱滚子轴承　　　　C. 深沟球轴承

5. 能同时承受较大的径向和轴向载荷且内外圈可以分离，通常成对使用的滚动轴承是（　　）。

A. 圆锥滚子轴承　　　　B. 推力球轴承　　　　　C. 圆柱滚子轴承

6. 圆柱滚子轴承与深沟球轴承相比，其承载能力（　　）。

A. 大　　　　　　　　　B. 小　　　　　　　　　C. 相同

7. 深沟球轴承的类型代号是（　　）。

A. 4　　　　　　　　　　B. 5　　　　　　　　　　C. 6

8. 滚动轴承类型代号 QJ 表示的是（　　）。

A. 调心球轴承　　　　　B. 四点接触球轴承　　　C. 外球面轴承

9. 实际工作中，若轴的弯曲变形大，或两轴承座孔的同心度误差较大，则应选用（　　）。

A. 调心球轴承　　　　　B. 推力球轴承　　　　　C. 深沟球轴承

10. 工作中若滚动轴承只承受轴向载荷，则应选用（　　）。

A. 圆柱滚子轴承　　　　B. 圆锥滚子轴承　　　　C. 推力球轴承

11. （　　）是滚动轴承代号的基础。

A. 前置代号　　　　　　B. 基本代号　　　　　　C. 后置代号

12. 圆锥滚子轴承的（　　）与内圈可以分离，故其便于安装和拆卸。

A. 外圈　　　　　　　　B. 滚动体　　　　　　　C. 保持架

13. 斜齿传动中，轴一般选用（　　）支撑。

A. 推力球轴承　　　　　B. 圆锥滚子轴承　　　　C. 深沟球轴承

14. 针对以下应用要求，找出相应的轴承类型代号。

（1）主要承受径向载荷，也可承受一定轴向载荷的轴承的类型代号是（　　）。

（2）只能承受单向轴向载荷的轴承的类型代号是（　　）。

（3）可同时承受径向载荷和单向轴向载荷的轴承的类型代号是（　　）。

A. 6208　　　　　　　　B. 51308　　　　　　　C. 31308

（二）判断题

1. 轴承性能对机器的性能没有影响。　　　　　　　　　　　　　　　　（　　）

2. 调心球轴承不允许成对使用。　　　　　　　　　　　　　　　　　　（　　）

3. 双列深沟球轴承比单列深沟球轴承承载能力大。　　　　　　　　　　（　　）

4. 双向推力球轴承能同时承受径向和轴向载荷。　　　　　　　　　　　（　　）

5. 角接触球轴承的公称接触角越大，其承受轴向载荷的能力越小。　　　（　　）

6. 滚动轴承代号通常压印在轴承内圈的端面上。　　　　　　　　　　　（　　）

7. 圆锥滚子轴承的类型代号是 N。　　　　　　　　　　　　　　　　　（　　）

8. 滚动轴承代号的直径系列表示同一内径轴承的各种不同宽度。　　　　（　　）

9. 在满足使用要求的前提下，应尽量选用精度低、价格便宜的滚动轴承。（　　）

10. 载荷小且平稳时，可选用球轴承；载荷大且有冲击时，宜选用滚子轴承。（　　）

11. 球轴承的极限转速比滚子轴承低。　　　　　　　　　　　　　　　　（　　）

12. 同型号的滚动轴承公差等级越高，其价格越贵。　　　　　　　　　　（　　）

13. 在轴承商店，只要告诉售货员滚动轴承的代号，就可买到所需的滚动轴承。

（　　）

14. 滚动轴承的前置代号、后置代号是轴承基本代号的补充代号，不能省略。（　　）

子任务四　变速箱输出轴的装配与调整

学习目标

　　1. 掌握键联接的作用及类型。

　　2. 掌握平键联接的特点和种类。

　　3. 掌握半圆键联接、花键联接、楔键联接和切向键联接的特点。

　　4. 掌握销联接的作用及类型。

一、任务描述

键联接是零件与零件连接的主要形式，在机器上广泛应用。THMDZT—1 型机械装调技术综合实训装置中的变速箱的两根输出轴上就应用了平键和花键。通过子任务三，完成了该变速箱中两根固定轴的安装与调整，遵循装配顺序，再往上就是两根输出轴。因此本次任务是两根输出轴（见图 1-40）的装配与调整。要求通过完成本工作任务，掌握平键及花键的安装与调整方法。

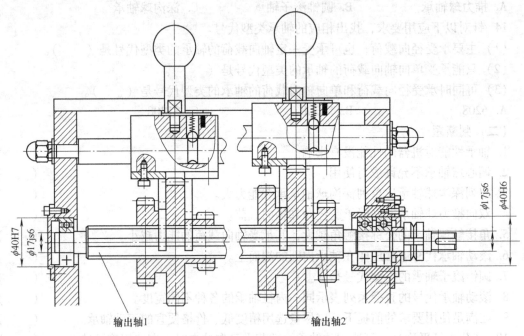

图 1-40 输出轴的装配图

二、回答引导

问题 1：键联接的作用及特点是什么？

问题 2：键联接分为哪几类？

问题 3：根据键的端部形状不同，普通平键分为哪几种形式？

问题 4：花键导向轴上的平键型号是什么？说明其型号的含义。

问题 5：楔键的两侧面为工作面的说法正确吗？为什么？

问题 6：花键按齿形可分为哪两种？输出轴属于哪种形式？

问题 7：销联接的用途是什么？销的基本形式有哪几种？

三、相关知识

观察自行车时你会发现，自行车中轴与链轮曲柄的连接采用的是曲柄销。在机械设备中，常见轴上的带轮、齿轮等轴上零件能与轴一起转动。不论采用何种连接方式，目的只有一个，就是保证轴与轴上零件牢固而可靠地连接，以传递运动和转矩。常见连接方式如图 1-41 所示。

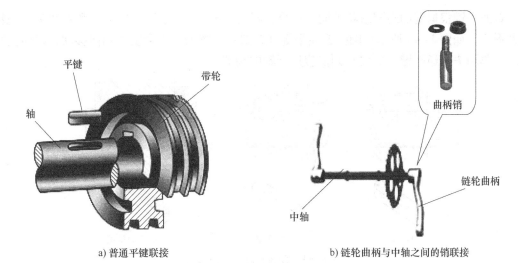

a) 普通平键联接　　　　　　　　b) 链轮曲柄与中轴之间的销联接

图 1-41　常见连接方式

　　机器都是由各种零件装配而成的，零件与零件之间存在着各种形式的连接。根据连接后是否可拆，连接方式分为可拆连接和不可拆连接。在机械连接中属于可拆连接的有键联接、销联接和螺纹联接等；属于不可拆连接的有焊接、铆接和粘接等。这里主要介绍键联接和销联接。

　　键联接可以实现轴与轴上零件（如齿轮、带轮等）之间的周向固定，并传递运动和转矩。键联接具有结构简单、拆装方便、工作可靠及标准化等特点，故在机械中应用极为广泛。

　　键联接的分类如下：

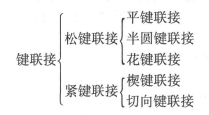

1. 平键联接

　　平键联接的特点是靠平键的两侧面传递转矩。因此，键的两侧面是工作面，对中性好；键的上表面与轮毂上的键槽底面留有间隙，以便于装配。根据用途不同，平键分为普通平键、导向平键和滑键等。

　　（1）普通平键　普通平键联接示意图如图 1-42 所示。

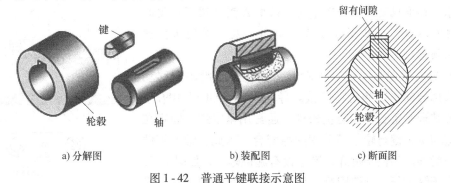

a) 分解图　　　　　　　　b) 装配图　　　　　　　　c) 断面图

图 1-42　普通平键联接示意图

普通平键根据键的端部形状不同，可分为圆头（A 型）、方形（B 型）和单圆头（C 型）三种形式，如图 1-43 所示。圆头普通平键（A 型）在键槽中不会发生轴向移动，因而应用最广，单圆头普通平键（C 型）则多应用于轴的端部。

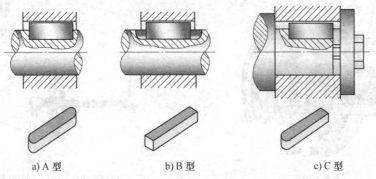

a) A 型　　　　　　　　b) B 型　　　　　　　　c) C 型

图 1-43　普通平键的三种形式

键的材料通常选用 45 钢，当轮毂为有色金属或非金属时，键可用 20 钢或 Q235 钢制造。普通平键工作时，轴和轴上的零件沿轴向没有相对移动。

平键是标准件，只需根据用途、轮毂长度等选取键的类型和尺寸。普通平键的主要尺寸是键宽 b、键高 h 和键长 L，如图 1-44 所示。普通平键的尺寸与公差应根据需要从 GB/T 1096—2003《普通型平键》中选定。普通平键键槽的剖面尺寸与公差可查阅 GB/T 1095—2003《平键　键槽的剖面尺寸》。

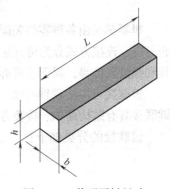

图 1-44　普通平键尺寸

普通平键的标记形式为：

国标号　名称　规格标记

标记示例如下：

1）GB/T 1096　键 $16 \times 10 \times 100$

该标记表示键宽为 16mm，键高为 10mm，键长为 100mm 的 A 型普通平键。

2）GB/T 1096　键 B$16 \times 10 \times 100$

该标记表示键宽为 16mm，键高为 10mm，键长为 100mm 的 B 型普通平键。

3）GB/T 1096　键 C$16 \times 10 \times 100$

该标记表示键宽为 16mm，键高为 10mm，键长为 100mm 的 C 型普通平键。

提示：标准规定，在普通平键标记中 A 型（圆头）键的键型可省略不标，而 B 型（方头）键和 C 型（单圆头）键的键型必须标出。

（2）导向平键和滑键　当轮毂需要在轴上沿轴向移动时，可采用导向平键和滑键联接。导向平键（GB/T 1097—2003）比普通平键长，为防止松动，通常用紧定螺钉固定在轴上的键槽中，键与轮毂槽采用间隙配合，因此，轴上零件能做轴向滑动。为便于拆卸，键上设有起键螺孔，如图 1-45所示。由于键太长，制造困难，因此导向平键常用于轴上零

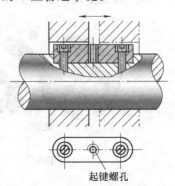

起键螺孔

图 1-45　导向平键联接

件移动量不大的场合，如机床变速箱中的滑动齿轮。

滑键固定在轮毂上（见图1-46），轮毂带动滑键在轴上的键槽中做轴向滑移。键长不受滑动距离限制，只需在轴上铣出较长的键槽，而键可做得较短。

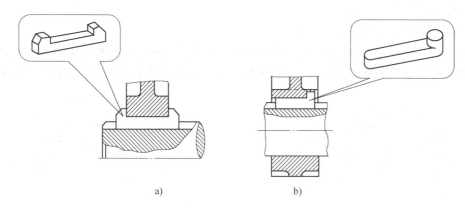

图1-46　滑键联接

2. 半圆键联接

半圆键（GB/T 1099.1—2003）的工作面是键的两侧面，因此其与平键一样，有较好的对中性，如图1-47所示。半圆键可在轴上的键槽中绕槽底圆弧摆动，适用于锥形轴与轮毂的连接。它的缺点是键槽对轴的强度削弱较大，只适用于轻载连接。

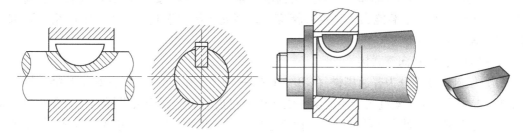

图1-47　半圆键联接

3. 花键联接

由沿轴和轮毂孔周向均布的多个键齿相互啮合而成的联接称为花键联接。花键分为外花键和内花键，如图1-48所示。

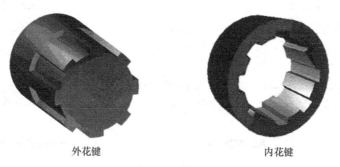

外花键　　　　　　内花键

图1-48　花键联接

花键联接的应用特点如下：

1）花键联接通过多齿传递载荷，故承载能力高。

2）花键的齿浅，对轴的强度削弱较小。

3）对中性及导向性好。

4）加工需要专用设备，成本高。

花键联接多用于重载和要求对中性好的场合，尤其适用于经常滑动的连接。按齿形不同，花键联接分为矩形花键联接（如图1-49所示）和渐开线花键联接，如图1-50所示。

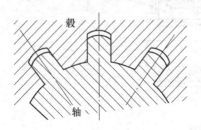

图1-49　矩形花键联接

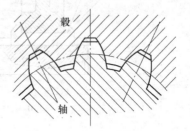

图1-50　渐开线花键联接

矩形花键（GB/T 1144—2001）齿的两侧面为平面，形状简单，加工方便。由于制造矩形花键时轴和轮毂上的接合面都要经过磨削，因此能消除热处理所引起的变形。其具有定心精度高、定心稳定性好、应力集中较小、承载能力较大等特点，应用较为广泛。

渐开线花键（GB/T 18842—2008）的齿廓为渐开线。其特点是制造精度较高、齿根强度高、应力集中小、承载能力大、定心精度高，因此，常用于载荷较大、定心精度要求较高、尺寸较大的连接。

4. 楔键联接和切向键联接

（1）楔键　楔键分为普通楔键（GB/T 1564—2003）和钩头楔键（GB/T 1565—2003），如图1-51所示。钩头楔键用于不能从一端将楔键打出的场合，钩头供拆卸用。装配时，将楔键打入轴与轴上零件之间的键槽内，使之连成一体，从而实现转矩传递。楔键与键槽的两个侧面不接触，为非工作面，楔键的上、下面为工作面。楔键联接能使轴上零件轴向固定，并能使零件承受单方向的轴向力。由于楔键侧面为非工作面，因此楔键联接的对中性差，在冲击和变载荷的作用下容易发生松脱现象。楔键常用于定心精度要求不高、载荷平稳和低速的场合，如带传动。

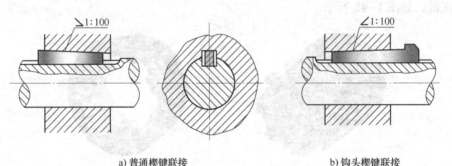

a) 普通楔键联接　　　　　　　　　　　　b) 钩头楔键联接

图1-51　楔键联接

（2）切向键 切向键（GB/T 1974—2003）由一对具有1:100斜度的楔键沿斜面拼合而成，其上、下两工作面互相平行，轴和轮毂上的键槽底面没有斜度，如图1-52a所示。装配时，一对键分别自轮毂两边打入，使两工作面分别与轴和轮毂的键槽底面压紧。切向键工作时，靠工作面的压紧作用传递转矩，用于传递转矩大、对中性要求不高的场合，如大型带轮、大型飞轮、大型绞车轮等。采用一组切向键只能传递单方向的转矩，如图1-52b所示。传递双向转矩时必须采用两组切向键，两键相隔120°～135°，如图1-52c所示。

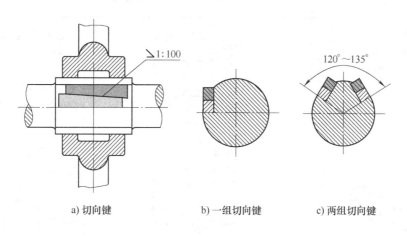

a) 切向键   b) 一组切向键   c) 两组切向键

图1-52 切向键联接

5. 销联接

销联接主要用于定位，即固定零件间的相对位置，也是组合加工和装配时的辅助零件（见图1-53a、b），也用于轴与毂的连接或其他零件的连接（见图1-53c），还可以作为安全装置中的过载剪断零件，如图1-53d所示。

销的形式很多，基本类型有圆柱销和圆锥销两种，它们均有带螺纹和不带螺纹两种形式。销的具体参数已标准化。常用圆柱销和圆锥销的形式及应用特点见表1-14。

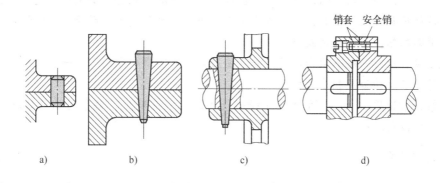

a)   b)   c)   d)

图1-53 销联接的类型

表 1-14 常用圆柱销和圆锥销的形式及应用特点

类型		应用图例	特点及说明
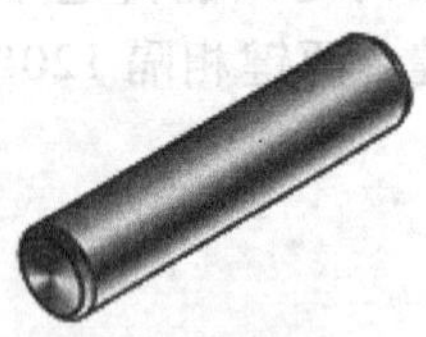 圆柱销 （GB/T 119.1—2000、 GB/T 120.1—2000）	普通圆柱销	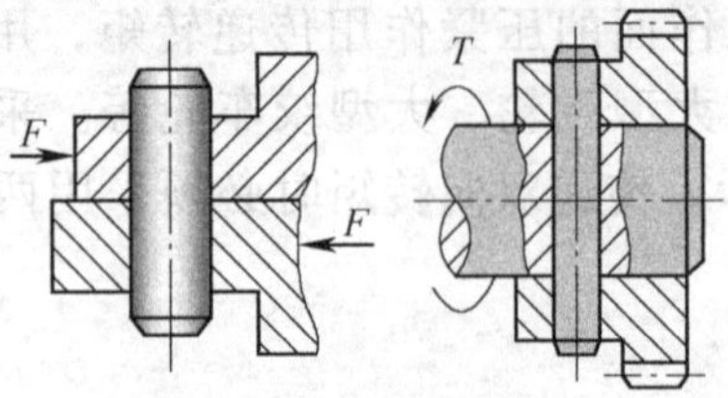	公称直径为 0.6～50mm，公差带有 m6 和 h8 两种，材料为不淬硬钢和奥氏体不锈钢
	内螺纹圆柱销	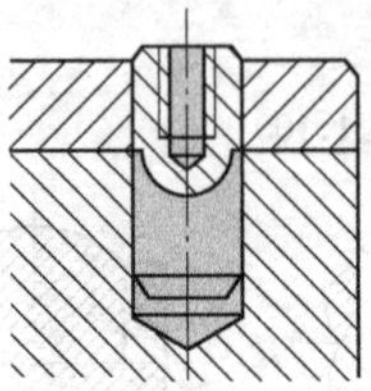	适用于不通孔的场合，螺纹供拆卸用 公称直径为 0.6～50mm，公差带只有 m6 一种，材料为不淬硬钢和奥氏体不锈钢
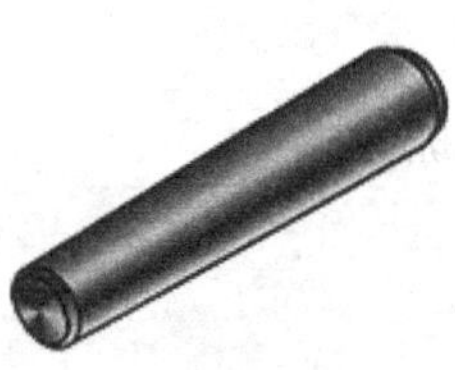 圆锥销 （GB/T 117—2000、 GB/T 118—2000、 GB/T 877—1986、 GB/T 881—2000）	普通圆锥销	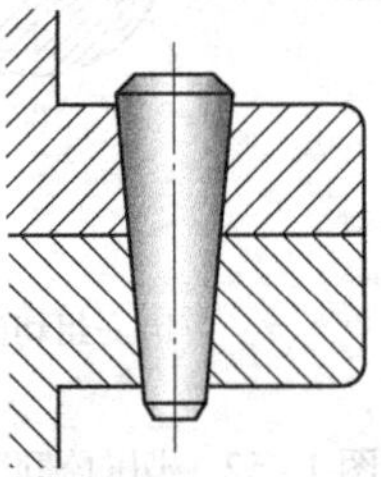	公称直径为 0.6～50mm，圆锥销有 1∶50 的锥度，装配方便，定位精度高 按加工精度不同分为 A、B 两种类型，A 型精度较高
	带螺纹圆锥销	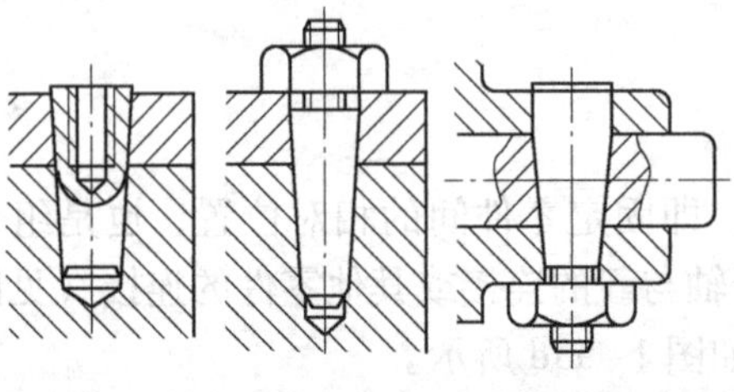 内螺纹　大端带螺尾　小端带螺尾	带内螺纹和大端带螺尾的圆锥销适用于不通孔的场合，螺纹供拆卸用 小端带螺尾的圆锥销可用螺母锁紧，适用于有冲击、振动的场合

提示： 圆柱销利用较小的过盈量固定在销孔中，多次拆装会降低定位精度和可靠性；圆锥销的定位精度和可靠性较高，并且多次拆装不会影响定位精度。因此，需要经常拆装的场合不宜采用圆柱销，而应采用圆锥销。

销起定位作用时一般不承受载荷，并且使用的数目不得少于两个。一般来说，销作为安全销使用时还应有销套及相应结构。

销的材料常选用 35 钢或 45 钢，并经热处理达到一定硬度。通常对销孔的精度要求较高，一般需要铰制。

四、任务准备

设备为 THMDZT—1 型机械装调技术综合实训装置，共 10 台。所需工、量具及材料见表 1-15。

表1-15　所需工、量具及材料

序号	名称	规格	数量	序号	名称	规格	数量
1	内六角扳手	—	10把	7	橡胶锤	—	10把
2	活扳手	250mm	10套	8	纯铜棒	—	10根
3	钩形扳手	M16、M27	10把	9	长柄一字槽螺钉旋具	250mm	10把
4	轴用卡簧钳	直嘴、尖嘴	10套	10	塞尺		10套
5	游标卡尺	300mm	10把	11	棉纱		若干
6	轴承装配套筒	自制	10个	12	砂纸	—	若干

五、任务实施

对变速箱中的两根输出轴进行装配与调整。具体操作步骤为：把两个角接触球轴承（按背靠背的装配方法）安装在轴上，中间加轴承内、外圈套筒，安装轴承座套和轴承透盖，然后安装滑移齿轮组，将轴承座套固定在箱体上，挤压轴承的内圈把深沟球轴承安装在轴上，装上轴用弹性挡圈和轴承端盖，套上轴承内圈预紧套筒，最后通过调整圆螺母来调整两个角接触球轴承的预紧力。

六、自我检测

（一）选择题

1. 在键联接中，（　　）的工作面是两个侧面。

A. 普通平键　　　　　　　　　B. 切向键　　　　　　　　　C. 楔键

2. 采用（　　）普通平键时，轴上的键槽用指形铣刀加工。

A. A型　　　　　　　　　　　B. B型　　　　　　　　　　　C. A型和B型

3. 某普通平键的标记为GB/T 1096 键 12×8×80，其中 12×8×80 表示（　　）。

A. 键高×键宽×键长　　　　　B. 键宽×键高×轴颈　　　　　C. 键宽×键高×键长

4. （　　）普通平键多用在轴的端部。

A. C型　　　　　　　　　　　B. A型　　　　　　　　　　　C. B型

5. 根据（　　）的不同，平键可分为A型、B型、C型三种。

A. 截面形状　　　　　　　　　B. 尺寸大小　　　　　　　　　C. 端部形状

6. 在普通平键的三种形式中，（　　）平键在键槽中不会发生轴向移动，所以应用最广。

A. 圆头　　　　　　　　　　　B. 平头　　　　　　　　　　　C. 单圆头

7. 在大型绞车轮的键联接中，通常采用（　　）。

A. 普通平键　　　　　　　　　B. 切向键　　　　　　　　　C. 楔键

8. 键联接主要用于传递（　　）的场合。

A. 拉力　　　　　　　　　　　B. 横向键　　　　　　　　　C. 转矩

9. 在键联接中，对中性好的是（　　）。

A. 切向键　　　　　　　　　B. 花键　　　　　　　　　C. 平键

10. 平键联接主要应用在轴与轮毂之间（　　）的场合。

A. 沿轴向固定并传递轴向力　　B. 沿周向固定并传递转矩　　C. 安装与拆卸方便

11. （　　）花键形状简单，加工方便，应用较为广泛。

A. 矩形　　　　　　　　　　B. 渐开线　　　　　　　　C. 三角形

12. 在键联接中，楔键（　　）轴向力。

A. 只能承受单方向　　　　　　B. 能承受双方向　　　　　C. 不能承受

13. 导向平键主要采用（　　）键联接。

A. 较松的　　　　　　　　　B. 较紧的　　　　　　　　C. 紧的

（二）判断题

1. 普通平键、楔键、半圆键都以其两侧面为工作面。　　　　　　　（　　）

2. 键联接具有结构简单、工作可靠、装拆方便和标准化等特点。　　（　　）

3. 键联接属于不可拆连接。　　　　　　　　　　　　　　　　　（　　）

4. A 型键不会产生轴向移动，应用最为广泛。　　　　　　　　　（　　）

5. 普通平键键长 L 一般比轮毂的长度略长。　　　　　　　　　（　　）

6. C 型普通平键一般用于轴端。　　　　　　　　　　　　　　　（　　）

7. 采用 A 型普通平键时，轴上键槽通常用指形铣刀加工。　　　　（　　）

8. 半圆键对中性较好，常用于轴端为锥形表面的连接中。　　　　（　　）

9. 平键联接中，键的上表面与轮毂键槽底面应紧密配合。　　　　（　　）

10. 键是标准件。　　　　　　　　　　　　　　　　　　　　　（　　）

11. 花键由多齿承载，承载能力高，且齿浅，对轴的强度削弱小。　（　　）

12. 导向平键常用于轴上零件移动量不大的场合。　　　　　　　（　　）

13. 导向平键就是普通平键。　　　　　　　　　　　　　　　　（　　）

14. 楔键的两侧面为工作面。　　　　　　　　　　　　　　　　（　　）

15. 切向键多用于传递转矩大、对中性要求不高的场合。　　　　（　　）

子任务五　变速箱滑动轴的装配与调整

 学习目标

> 1. 掌握变速机构的类型和特点。
> 2. 掌握换向机构的类型和特点。

一、任务描述

变速机构和变向机构在生产、生活中应用十分广泛，如汽车中应用变速机构、机床中应用变向机构等。所以，掌握变速机构和变向机构的装配和调整方法是非常必要的。

通过子任务四，完成了变速箱中两根输出轴的安装与调试。遵循装配顺序，再往上就是两根滑动轴，因此本次任务是两根滑动轴（见图 1-54）的装配与调整。要求通过完成本工作任务，掌握变速机构和变向机构的相关知识，以及能够对变速机构和变向机构进行装配和调整。

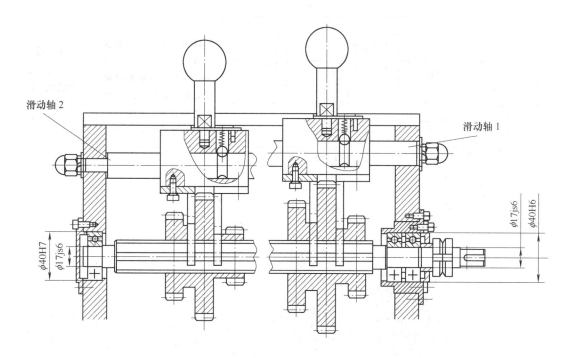

图 1-54　滑动轴的装配图

二、问题引导

问题 1：变速机构分为哪两种？

问题 2：常用的有级变速机构有几种类型？变速箱的变速属于哪种类型？

问题 3：常用的换向机构有几种类型？变速箱的换向属于哪种类型？

问题 4：如何区分滑动轴 1 和滑动轴 2？请在装配图上进行分析。

三、相关知识

在输入转速不变的条件下，使输出轴获得不同转速的传动装置称为变速机构。汽车、机床、起重机等都需要变速机构。

变速机构分为有级变速机构和无级变速机构。有级变速机构的常用类型见表 1-16。

1. 有级变速机构

有级变速机构在输入转速不变的条件下，使输出轴获得一定的转速级数。常用的有级变速机构有滑移齿轮变速机构、塔齿轮变速机构、倍增速变速机构和拉键速变速机构等，见表 1-16。

表 1-16 有级变速机构的常用类型

类型	简图	工作原理	特点
滑移齿轮变速机构	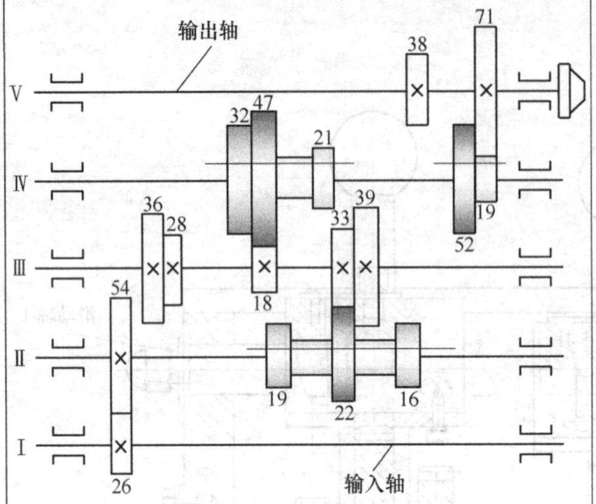	轴 Ⅱ、Ⅳ 上分别安装齿数为 19-22-16、32-47-21 的三联滑移齿轮和齿数为 52-19 的双联滑移齿轮。改变滑移齿轮的啮合位置，就可改变轮系的传动比	具有变速可靠、传动比准确等优点，但零件种类和数量多，变速时有噪声
塔齿轮变速机构	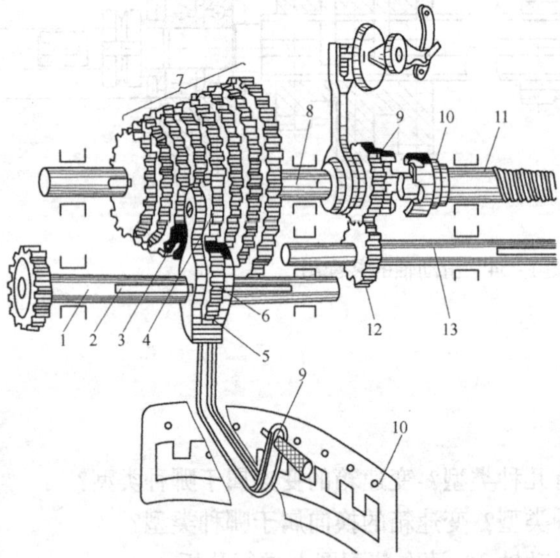 1—主动轴 2—导向键 3—中间齿轮支架 4—中间齿轮 5—拨叉 6—滑移齿轮 7—塔齿轮 8—从动轴 9、10—离合器 11—丝杠 12—光杠齿轮 13—光杠	在从动轴上，八个排成塔形的固定齿轮组成塔齿轮。主动轴上的滑移齿轮和拨叉可沿导向键在轴上滑动，并可通过中间齿轮与塔齿轮中任意一个齿轮啮合，将主动轴的运动传递给从动轴	该机构的传动比与塔齿轮的齿数成正比。该机构是一种容易实现传动比为等差数列的变速机构，应用于车床进给箱中
倍增速变速机构	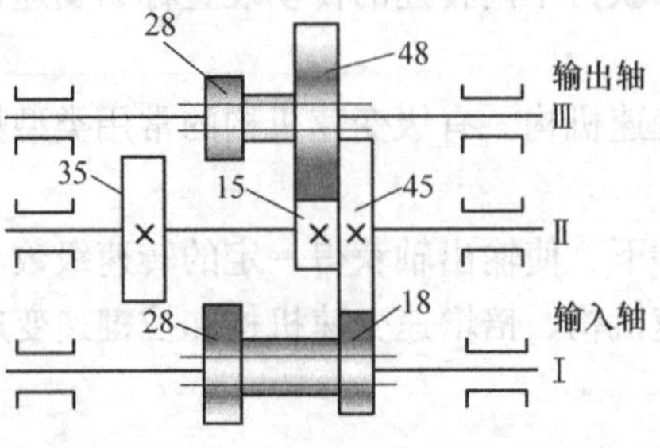	轴 Ⅰ、Ⅲ 上装有双联滑移齿轮，轴 Ⅱ 上装有三个固定齿轮，改变滑移齿轮的位置可得到四种传动比：1、2、4、8	传动比呈 2 倍增加

（续）

类型	简图	工作原理	特点
拉键变速机构	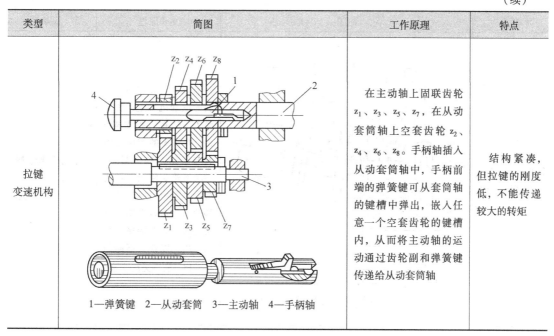 1—弹簧键 2—从动套筒 3—主动轴 4—手柄轴	在主动轴上固联齿轮 z_1、z_3、z_5、z_7，在从动套筒轴上空套齿轮 z_2、z_4、z_6、z_8。手柄轴插入从动套筒轴中，手柄前端的弹簧键可从套筒轴的键槽中弹出，嵌入任意一个空套齿轮的键槽内，从而将主动轴的运动通过齿轮副和弹簧键传递给从动套筒轴	结构紧凑，但拉键的刚度低，不能传递较大的转矩

有级变速机构的特点是：可以实现在一定转速范围内的分级变速，具有变速可靠、传动比准确、结构紧凑等优点，但高速回转时不够平稳，变速时有噪声。

2. 无级变速机构

无级变速机构依靠摩擦来传递转矩，适当改变主动件和从动件的转动半径，可使输出轴的转速在一定范围内无级变化。

无级变速机构的常用类型有滚子平盘式无级变速机构、锥轮—端面盘式无级变速机构、分离锥轮式无级变速机构，见表 1-17。

表 1-17 无级变速机构的常用类型

类型	简图	工作原理	特点
滚子平盘式无级变速机构	1—滚子 2—平盘	主、从动轮靠接触处产生的摩擦力传动，传动比 $i = r_2/r_1$。若将滚子沿轴向移动，则 r_2 改变，传动比也随之改变。由于 r_2 可在一定范围内任意改变，因此从动轴 II 可以获得无级变速	结构简单、制造方便，但存在较大的相对滑动，磨损严重

（续）

类型	简图	工作原理	特点
锥轮－端面盘式无级变速机构	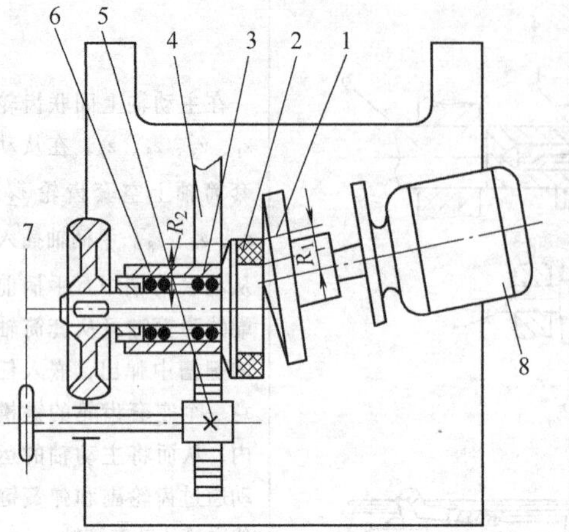 1—锥轮　2—端面盘　3—弹簧　4—齿条 5—齿轮　6—支架　7—链条　8—电动机	锥轮1安装在轴线倾斜的电动机轴上，端面盘2安装在底板支架6上，弹簧3的作用力使其与锥轮1的面紧贴。转动齿轮5使固定在底板上的齿条4连同支架6移动，从而改变锥轮1与端面盘2的接触半径R_1、R_2，以获得不同的传动比，实现无级变速	传动平稳、噪声小、结构紧凑、变速范围大
分离锥轮式无级变速机构	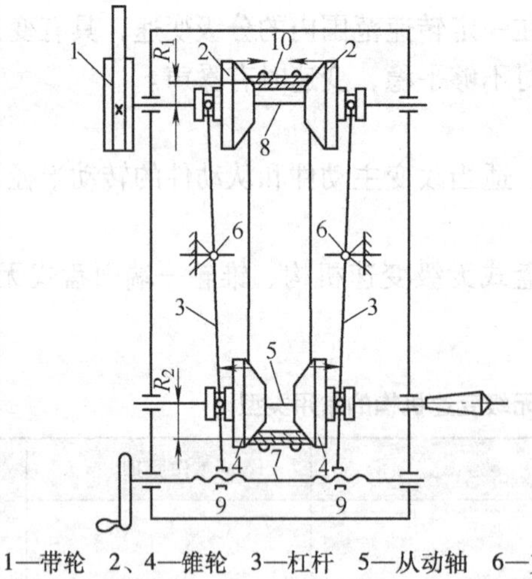 1—带轮　2、4—锥轮　3—杠杆　5—从动轴　6—支架 7—螺杆　8—主动轴　9—螺母　10—传动带	两对可滑移的锥轮2、4分别安装在主、从动轴上，并用杠杆3连接，杠杆3以支架6为支点。两对锥轮间利用带传动。转动手轮（螺杆7），两个螺母反向移动（两段螺纹旋向相反），使杠杆3摆动，从而改变传动带10与锥轮2、4的接触半径，达到无级变速	运转平稳，变速较可靠

机械无级变速机构的变速范围和传动比i在实际使用中均限制在一定范围内，不能随意扩大。由于其采用摩擦传动，因此不能保证准确的传动比。

3. 换向机构

汽车、拖拉机等不但能前进而且能倒退，机床主轴既能正转也能反转。这些运动形式的改变通常是由换向机构来完成的。图1-55所示为汽车变速杆手柄。

换向机构是在输入轴转向不变的条件下，使输出轴转向改变的机构。常见换向机构有三星轮换向机构和离合器锥齿轮换向机构，见表1-18。

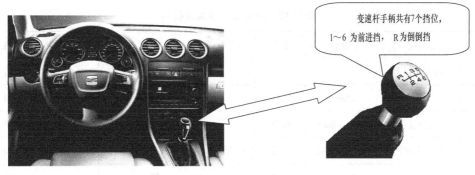

图 1-55 汽车变速杆手柄

表 1-18 常见换向机构类型

类型	简图	特点
三星轮换向机构	 a) b) 1—主动齿轮 2、3—惰轮 4—从动齿轮	卧式车床进给系统的三星轮换向机构利用惰轮来实现从动轴回转方向的变换。转动手柄 A 使三角形杠杆架绕从动齿轮 4 的轴线回转。处于图 a 位置时，惰轮 3 参与啮合，从动齿轮 4 与主动齿轮 1 的回转方向相同；处于图 b 位置时，惰轮 2、3 参与啮合，从动齿轮 4 与主动齿轮 1 的回转方向相反
离合器锥齿轮换向机构	 1—主动锥齿轮 2、4—从动锥齿轮 3—离合器	主动锥齿轮 1 与空套在轴 Ⅱ 上的从动锥齿轮 2、4 啮合，离合器 3 与轴 Ⅱ 以花键联接。当离合器向左移动与从动锥齿轮 4 接合时，从动轴的转向与从动锥齿轮 4 相同；当离合器向右移动与从动锥齿轮 2 接合时，从动轴的转向与从动锥齿轮 2 相同

四、任务准备

设备为 THMDZT—1 型机械装调技术综合实训装置，共 10 台。所需工、量具及材料见表 1-19。

表1-19 所需工、量具及材料

序号	名称	规格	数量	序号	名称	规格	数量
1	内六角扳手	—	10把	7	橡胶锤	—	10把
2	活扳手	250mm	10套	8	纯铜棒	—	10根
3	钩形扳手	M16、M27	10把	9	长柄一字槽螺钉旋具	250mm	10把
4	轴用卡簧钳	直嘴、尖嘴	10套	10	塞尺	—	10套
5	游标卡尺	300mm	10把	11	棉纱	—	若干
6	轴承装配套筒	自制	10个	12	砂纸	—	若干

五、任务实施

对变速箱中的两根滑动轴进行装配与调整。具体操作步骤为：把拨叉安装在滑块上，安装滑块滑动导向轴，装上 $\phi 8mm$ 的钢球，放上弹簧，盖上弹簧顶盖，装上滑块拨杆和胶木球。

特别提示：

1）注意滑块的方向及拨叉的选配。

2）注意区分滑动轴1和滑动轴2的位置。

六、自我检测

（一）选择题

1. 当要求转速级数多、速度变化范围大时，应选择（　　）变速机构。

A. 滑移齿轮　　　　　　　B. 塔齿轮　　　　　　　C. 拉键

2. 倍增速变速机构传动比按（　　）的倍速增加。

A. 2　　　　　　　　　　B. 4　　　　　　　　　　C. 6

3. 车床变速箱常采用（　　）变速机构来调节进给速度。

A. 倍增速　　　　　　　　B. 塔齿轮　　　　　　　C. 拉键

4. 卧式车床进给系统采用的是（　　）换向机构。

A. 三星轮　　　　　　　　B. 离合器锥齿轮　　　　C. 滑移齿轮

5. 三星轮换向机构利用（　　）来实现从动轴回转方向的改变。

A. 首轮　　　　　　　　　B. 末轮　　　　　　　　C. 惰轮

（二）判断题

1. 滑移齿轮变速机构变速可靠，但传动比不准确。　　　　　　　　　（　　）

2. 无级变速机构传动比准确。　　　　　　　　　　　　　　　　　　（　　）

3. 无级变速机构能使输出轴的转速在一定范围内无级变化。　　　　　（　　）

4. 无级变速机构和有级变速机构都具有变速可靠、传动平稳的特点。　（　　）

5. 变速机构就是改变主动件转速，从而改变从动件转速的机构。　　　（　　）

（三）填空题

1. 变速机构分为_____机构和_____机构。

2. 有级变速机构是在_____不变的条件下，使输出轴获得_____。

3. 有级变速机构常用的类型有_____、_____、_____和_____。

4. 有级变速机构可以实现在一定转速范围内的_____变速，具有变速_____、传动比_____和结构紧凑等优点。

5. 无级变速机构是依靠_____来传递转矩的，通过改变主动件和从动件的_____，使输出轴的转速在一定范围内无级地变化。

6. 无级变速机构常用的类型有_____无级变速机构、_____无级变速机构和无级变速机构。

7. 换向机构是在_____不变的情况下，可获得_____改变的机构。

8. 换向机构常见的类型有_____换向机构和_____换向机构等。

任务二

二维工作台的装配与调整

 学习目标

1. 能读懂二维工作台的部件装配图，掌握二维工作台的结构原理。
2. 能根据图样正确选用所需工、量具。
3. 能正确装配滚珠丝杠副。
4. 能正确装配滚动直线导轨副。
5. 能按技术要求对二维工作台进行精度检验。

任务描述

　　二维工作台主要应用了滚珠丝杠副和滚动直线导轨副这两种精密部件。它们在数控机床上应用很广泛。本任务要求通过对二维工作台（见图2-1）的装配与调整，掌握滚珠丝杠副和滚动直线导轨副的装配工艺，增强对平行度和垂直度检测的能力，为数控机床维修打下坚实的基础。

图 2-1　二维工作台的装配图

子任务一　二维工作台的拆卸

 学习目标

1. 掌握滚珠丝杠副的特点及结构。
2. 掌握滚动直线导轨副的特点及结构。
3. 掌握二维工作台的结构原理。

一、任务描述

滚珠丝杠副和滚动直线导轨副在数控机床上应用十分广泛。这两种精密部件的精度直接影响机床的加工精度，因此，本任务要求通过对二维工作台的装配与调整掌握这两种部件的检修、安装及调整方法，并结合二维工作台的部件装配图，对二维工作台进行拆卸，从而更清楚地了解滚珠丝杠副和滚动直线导轨副的结构特点，为以后的安装与维修打下基础。

二、问题引导

问题1：二维工作台主要由哪些零部件组成？

问题2：滚珠丝杠副主要由哪些零件组成？

问题3：滚珠丝杠副的滚珠有哪几种循环方式？二维工作台的滚珠丝杠副属于哪种类型？

问题4：滚珠丝杠副的标准公差等级是如何划分的？数控机床通常采用哪些等级？

问题5：滚珠丝杠副常用的润滑剂有哪两大类？二维工作台的滚珠丝杠副使用哪种润滑剂？

问题6：数控机床常用的导轨按其接触面间摩擦性质的不同分为哪几类？二维工作台的直线导轨属于哪种类型？

问题7：制订二维工作台的拆卸步骤，并且指出每个步骤要使用的工具。

三、相关知识

1. 滚珠丝杠副的特点

滚珠丝杠副是将回转运动转换为直线运动，或将直线运动转换为回转运动的部件产品。滚珠丝杠副的特点如下：

（1）低能耗　驱动力矩仅为滑动丝杠副的1/3，具有较高的运动效率，可以更加省电。

（2）高精度　滚珠丝杠副都是由高水平的机械设备严格按照工艺路线生产出来的，制作精度高。

（3）微进给　由于滚珠丝杠副利用滚珠运动，所以起动力矩极小，不会出现滑动运动中的爬行现象，能实现精确的微进给。

（4）无侧隙、刚性高　滚珠丝杠副可以加预压力，预压力可使轴向间隙达到负值，进而得到较高的刚性。

（5）高速进给　滚珠丝杠副由于运动效率高、发热小，因此可实现高速进给（运动）。

2. 滚珠丝杠副的结构

在数控机床进给系统中，一般采用滚珠丝杠副来改善摩擦特性。其工作原理是：当丝杠相对螺母旋转时，两者发生轴向位移，而滚珠则可沿着滚道滚动。

（1）滚珠丝杠副的组成　滚珠丝杠副的结构如图2-2所示。

（2）滚珠的循环方式　按滚珠返回的方式不同可分为内循环（见图2-3）和外循环（见图2-4）两类。

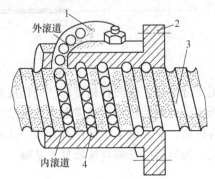

图2-2　滚珠丝杠副的结构

1—滚珠循环装置　2—滚珠螺母体
3—滚珠丝杠　4—滚珠

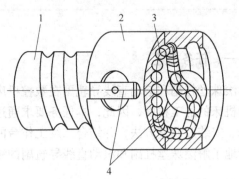

图2-3　内循环示意图

1—滚珠丝杠　2—滚珠螺母体　3—滚珠
4—滚珠循环装置

内循环方式的滚珠在循环过程中，始终与滚珠丝杠表面保持接触（见图2-3），在滚珠螺母体2的侧面孔内装有接通相邻滚道的滚珠循环装置4，利用滚珠循环装置引导滚珠3越过滚珠丝杠1的螺纹顶部进入相邻滚道，形成一个循环回路。一般在同一滚珠螺母体上装有2~4个滚珠循环装置，并沿滚珠螺母体圆周均匀分布。内循环方式的优点是滚珠循环的回路短、流畅性好、效率高，滚珠螺母体的径向尺寸也较小，但制造精度要求高。

外循环方式的滚珠在循环反向时，离开滚珠丝杠滚道，在滚珠螺母体内部或外部做循环运动。图2-4所示为插管式外循环，弯管1两端插入与滚道3相切的两个孔内，弯管两端部引导滚珠5进入弯管，形成一个循环回路，再用压板2和螺钉将弯管固定。插管式外循环结构简单、制造容易，但径向尺寸大，且弯管两端耐磨性和抗冲击性差。

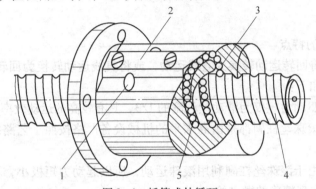

图2-4　插管式外循环

1—弯管　2—压板　3—滚道　4—滚珠丝杠　5—滚珠

（3）滚珠丝杠副的结构参数　滚珠丝杠副的主要结构参数有公称直径 D、导程 L 和接触角 β。公称直径是指滚珠与滚道在理论接触角状态时包络滚珠球心的圆柱直径。它与承载能力直接相关，常用范围为 $\phi30 \sim \phi80mm$，一般大于丝杠长度的 $1/35 \sim 1/30$。导程的大小要根据机床加工精度的要求确定。精度高时，导程小一些；精度低时，导程大一些。但导程取小后，螺纹升角也小，传动效率将下降。因此，导程数值的确定原则是：在满足加工精度的条件下尽可能取得大一些。

（4）滚珠丝杠副的精度　滚珠丝杠副的标准公差等级分为 1、2、3、4、5、7、10 共七级，其中 1 级最高，依次递减，数控机床主要采用 1~4 级。

（5）滚珠丝杠副轴向间隙调整方式　为了保证滚珠丝杠副的反向传动精度和轴向刚度，必须消除轴向间隙。除个别用单滚珠螺母消除间隙外，滚珠丝杠副常用双滚珠螺母预紧来消除轴向间隙。双滚珠螺母的滚珠丝杠副消除间隙的原理是：利用两个滚珠螺母的相对位移，使两个滚珠螺母中的滚珠分别贴紧在滚道的两个相反侧面上。用这种方法消除轴向间隙时，应注意预紧力不能过大，预紧力过大将会使空载力矩增加，从而降低传动效率，缩短丝杠使用寿命。因此，一般需要经过多次调整，以保证既能消除间隙又能灵活运转。调整时除滚珠螺母预紧外，还应特别注意使滚珠丝杠的安装部分和驱动部件的间隙尽可能小，并且具有足够的刚度。

1）图 2-5 所示为双滚珠螺母垫片调隙式，即改变调整垫片 4 的厚度，使滚珠螺母 2 相对于滚珠螺母 1 产生轴向位移。这种调隙方式能较精确地调整预紧量，结构简单，刚度高，工作可靠，但调整不方便，滚道磨损时不能随时进行调整。

2）图 2-6 所示为螺纹调隙式，即转动调整螺母 2，使滚珠螺母 3 产生轴向位移。这种调隙方式结构简单，调整方便，滚道磨损时可随时进行调整，但预紧量不太精确。

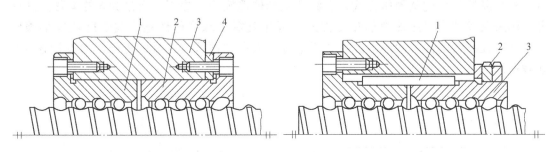

图 2-5　双滚珠螺母垫片调隙式
1、2—滚珠螺母　3—螺母座　4—调整垫片

图 2-6　螺纹调隙式
1—平键　2—调整螺母　3—滚珠螺母

3）图 2-7 所示为齿差调隙式，即在滚珠螺母 2 和 3 的端头各加工出两个齿轮，通过齿轮相对于内齿圈 1、4 的啮合角度来消除间隙。这种调隙方式能精确微调预紧量，工作可靠，滚道磨损时调整方便，但结构复杂，用于获得准确预紧力的精密定位系统。

（6）滚珠丝杠副的预压方式　为防止造成丝杠传动系统失效，保证传动精度，消除任何可能的轴向间隙并能增加刚性，要提高滚珠螺母的接触刚度，必须施加一定的预压力。

1）双滚珠螺母预压方式。此方式的预压力由两滚珠螺母之间的预压片产生。拉伸预压由较厚的预压片有效地挤压分开滚珠螺母。"压缩预压"是指通过较薄的预压片，由螺栓将

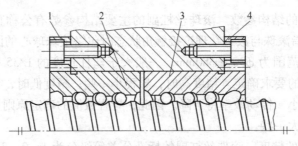

图 2-7 齿差调隙式

1、4—内齿圈 2、3—滚珠螺母

螺母拉在一起。拉伸预压是双联精密级滚珠丝杠副最常使用的方式。图 2-8 所示为拉伸预压和压缩预压方式。

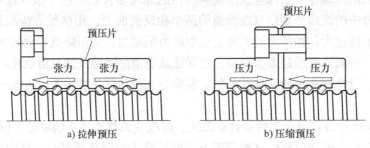

a) 拉伸预压　　　　　　　　　　　b) 压缩预压

图 2-8 滚珠丝杠副的拉伸预压和压缩预压方式

2) 单滚珠螺母预压方式。单滚珠螺母有两种预压方式，其中一种为以滚珠尺寸调整预压方式。此种方式的滚珠比滚道尺寸大，使滚珠产生 4 点接触，如图 2-9a 所示。另一种为以偏位元调整预压方式，在滚珠螺母体螺旋线的导程上有量为 δ 的偏移。这种方式用来取代传统双滚珠螺母预压方式，可在较短滚珠螺母体螺旋线长度及较小预压力下拥有较高的刚性。然而，此方式不适合于太高的预压力，最好将预压力设计在 5% 动载荷以下。

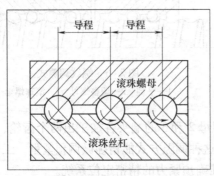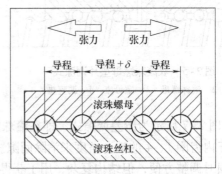

a) 以滚珠尺寸调整预压方式　　　　b) 以偏位元调整预压方式

图 2-9 滚珠丝杠副的单滚珠螺母预压方式

(7) 滚珠丝杠副的支撑结构　为提高传动刚度，滚珠丝杠副合理的支撑结构及正确安装很重要。一般采用高刚度的推力轴承支撑结构，以提高滚珠丝杠副的轴向承载能力。滚珠丝杠副的支撑结构见表 2-1。

表 2-1　滚珠丝杠副的支撑结构

支撑结构	简图	说明
一端装推力轴承	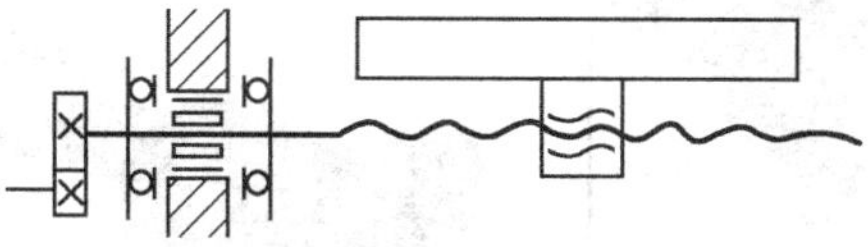	结构简单，承载能力小，轴向刚度小，适用于短滚珠丝杠、垂直安装的滚珠丝杠
一端装推力轴承，另一端装深沟球轴承	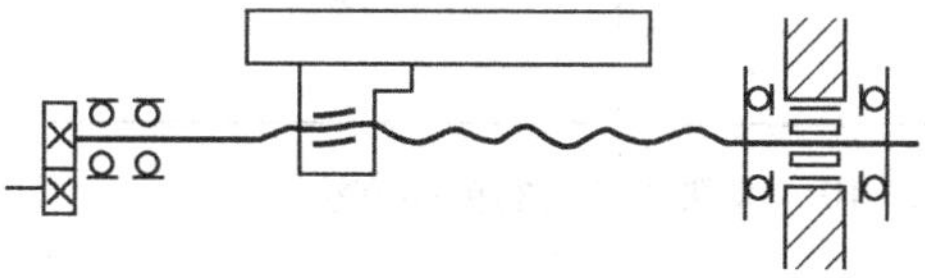	一端固定，另一端能做微量的轴向浮动，滚珠丝杠有热变形的余地，适用于结构复杂、制造较困难的较长滚珠丝杠
两端装推力轴承	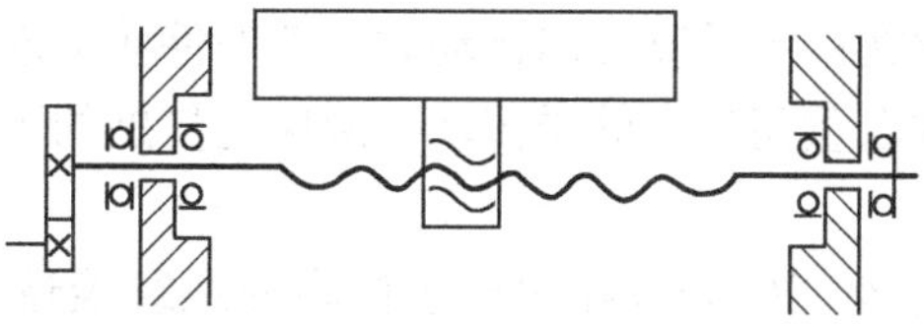	把推力轴承装在滚珠丝杠的两端，并施加预紧力，可以提高轴向刚度，但这种安装方式对滚珠丝杠的热变形较为敏感，结构和工艺复杂，适用于长滚珠丝杠及对精度和位移要求高的场合
两端装推力轴承及深沟球轴承	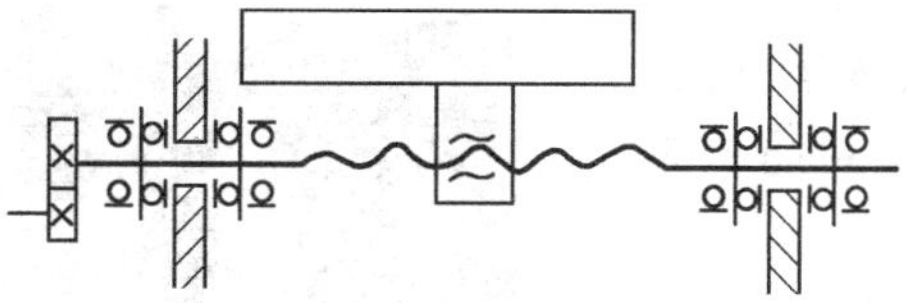	两端均采用双重支撑并施加预紧力，使滚珠丝杠具有最大的刚度，还可以使滚珠丝杠的温度变形转为推力轴承的预紧力，适用于长滚珠丝杠及对精度和位移要求高的场合

3. 滚珠丝杠副的安装、使用及润滑

（1）滚珠丝杠副的安装　滚珠丝杠副仅用于承受轴向负荷。径向力、弯矩会使滚珠丝杠副产生附加表面接触应力等负荷，从而可能造成丝杠的永久性损坏。正确的安装是有效维护的前提，因此，在将滚珠丝杠副安装到机床上时，应注意以下事项：

1）滚珠丝杠的轴线必须和与之配套的导轨平行，机床两端的轴承座与螺母座必须三点成一线。

2）安装滚珠螺母时，尽量靠近轴承。

3）安装轴承时，尽量靠近滚珠螺母安装部位。

4）在将滚珠丝杠副安装到机床上时，不要把滚珠螺母从滚珠丝杠上卸下来。当必须将其卸下来时，要使用辅助套，否则装卸时滚珠有可能脱落，如图 2-10 所示。装卸螺母时应注意以下几点：

① 辅助套外径应比滚珠丝杠底径小 0.1～0.2mm。

② 辅助套在使用中必须靠紧滚珠丝杠螺纹轴肩。

③ 装卸时，不可用力过大，以免损坏滚珠螺母。

④ 装入安装孔时要避免撞击和偏心。

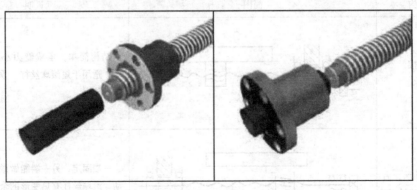

图 2-10　滚珠丝杠副的拆卸方法

（2）滚珠丝杠副的使用　在使用滚珠丝杠副时应注意：滚珠螺母应在有效行程内运动，必要时在行程两端配置限位装置，以避免滚珠螺母脱离滚珠丝杠而使滚珠脱落；滚珠丝杠副由于传动效率高，不能自锁，因此在用于垂直方向传动时，若部件质量未加平衡，则必须防止传动停止或电动机失电后因部件自重而产生的逆传动；滚珠丝杠副的正常工作环境温度范围为 $-60℃ \sim 60℃$。

（3）滚珠丝杠副的防护　滚珠丝杠副如果在滚珠丝杠副的螺纹滚道上落入了硬质灰尘或切屑等污物，不仅会妨碍滚珠的正常运转，而且会使磨损急剧增加，尤其是制造误差和预紧变形量以微米（μm）计的滚珠丝杠副，对磨损特别敏感，因此，有效的密封防护是十分重要的。

1）防护罩防护。若滚珠丝杠副在机床上外露，则应采取封闭的防护罩，如采用螺旋弹簧钢带套管、锥形套筒以及折叠式（风琴式）塑料或人造革等形式的防护罩，以防止灰尘和磨粒黏附到丝杠表面。安装时，将防护罩的一端连接在滚珠螺母的端面，另一端固定在滚珠丝杠的支撑座上。也有的采用整体式防护，如图 2-11 所示。防护罩的材料必须具有耐蚀及耐油的性能。

图 2-11　整体式防护

2）密封圈防护。如图 2-12 所示，如果滚珠丝杠副处于隐蔽的位置，则可采用密封圈对滚珠螺母进行密封。密封圈厚度为螺距的 2~3 倍，装在滚珠螺母的两端。接触式的弹性密封圈用耐油橡胶或尼龙制成，其内孔做成与滚珠丝杠滚道相配的形状。接触式密封圈的防尘效果好，但因有接触压力而使摩擦力矩略有增加。非接触式密封圈用聚氯乙烯等塑料制成，又称为迷宫式密封圈。其内孔形状与滚珠丝杠滚道的形状相反，并略有间隙，这样可避免摩擦力矩，但防尘效果较差。

图 2 - 12 密封圈防护

（4）滚珠丝杠副的润滑 滚珠丝杠副也可以用润滑剂来提高耐磨性及传动效率。润滑剂可分为润滑油和润滑脂两大类。

1）润滑油主要为机油。

2）润滑脂主要为锂基润滑脂。

润滑脂通常加在滚道和安装滚珠螺母的壳体空间内，而润滑油则经过壳体上的注油孔注入滚珠螺母的内部。通常每半年对滚珠丝杠副上的润滑脂更换一次，更换时清洗滚珠丝杠上的旧润滑脂，涂上新的润滑脂。润滑脂的给脂量一般为滚珠螺母壳体空间容积的1/3。滚珠丝杠副出厂时在螺母内部已加注锂基润滑脂。用润滑油润滑的滚珠丝杠副，则在机床每次工作前加油一次，给油量随使用条件的不同而有所变化。

4. 对机床导轨的要求

机床导轨起导向及支撑作用。它的精度、刚度及结构等对机床的加工精度和承载能力有直接影响。为了保证数控机床具有较高的加工精度和较大的承载能力，要求其导轨具有较高的导向精度、足够的刚度、良好的耐磨性和低速运动平稳性，同时应尽量使导轨结构简单，便于制造、调整和维护。

5. 机床导轨的分类

数控机床常用的导轨按其接触面间摩擦性质的不同可分为滑动导轨和滚动导轨。

（1）滑动导轨 在数控机床上常用的滑动导轨有液体静压导轨、气体静压导轨和贴塑导轨。

1）液体静压导轨。在两导轨工作面间通入具有一定压力的润滑油，形成静压油膜，使导轨工作面间处于纯液态摩擦状态，摩擦系数极低，多用于进给运动导轨。

2）气体静压导轨。在两导轨工作面间通入具有恒定压力的气体，使两导轨面形成均匀分离，以得到高精度的运动。这种导轨摩擦系数小，不易引起发热变形，但会随着空气压力波动而使空气膜发生变化，且承载能力小，故常用于负荷不大的场合。

3）贴塑导轨。在动导轨的摩擦表面上贴上一层由塑料等其他化学材料组成的塑料薄膜软带。其优点是导轨面的摩擦系数低，且动、静摩擦系数接近，不易产生爬行现象；塑料的阻尼性能好，具有吸收振动能力，可减小振动和噪声；耐磨性、化学稳定性、可加工性能好；工艺简单、成本低。

（2）滚动导轨 滚动导轨的最大优点是摩擦系数很小，一般为 0.0025 ~ 0.005，比贴塑导轨还小很多，且动、静摩擦系数很接近，因而运动轻便、灵活，在很低的运动速度下都不出现爬行，低速运动平稳性好，位移精度和定位精度高。滚动导轨的缺点是抗振性差，结构比较复杂，制造成本较高。近年来数控机床越来越多地采用由专业厂家生产的滚动直线导轨副或滚动导轨块。这种导轨组件本身制造精度很高，但对机床的安装基面要求不高，安装、调整都非常方便，如图 2 - 13 所示。

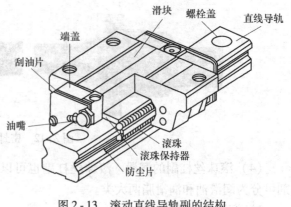

图 2 - 13 滚动直线导轨副的结构

6. 滚动直线导轨副的特点

滚动直线导轨副变滑动摩擦为滚动摩擦，有效地降低了摩擦阻力。它具有以下特点：

1）动、静摩擦阻力小，随动性好，有益于提高数控系统的相应速度和灵敏度。

2）驱动功率大幅度降低。

3）适应高速直线运动，滑块的瞬时速度约为其在滑动导轨上的 10 倍。

4）能实现高定位精度及高重复定位精度。

5）实现无间隙运动，提高了机械的运动刚度。

6）成对使用具有误差均化效应，可降低导轨安装面的加工精度，节约制造成本。

7）导轨上的滚道采用硬化处理，有效地提高了使用寿命。

7. 滚动直线导轨副的安装

（1）安装步骤

1）先用磨石、干净的布条清理安装面的毛刺和污物，检查螺钉孔位置是否合适。

2）将导轨副基准侧面与安装面台阶的基准面相对。

3）在螺钉孔中放入紧固螺钉，并使导轨基准面与台阶的基准面贴紧。

4）由中心依次交叉向两端拧紧螺钉，如图 2 - 14 所示。

5）检查两导轨在水平面、垂直面内的平行度误差是否小于 0.015mm、0.010mm。

6）拧紧螺钉时应采用扭力扳手并按规定力矩（见表 2 - 2）紧固。

7）按顺序依次拧紧滑块上的螺钉，并进行精度复查。

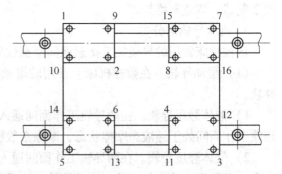

图 2 - 14 拧紧滑块紧固螺钉的顺序

表 2 - 2 螺钉拧紧时的推荐力矩

螺钉规格	M4	M5	M6	M8	M10	M12	M16
拧紧力矩/(N·m)	2.6 ~ 4.0	5.1 ~ 8.5	8.7 ~ 14	21.6 ~ 30.5	42.2 ~ 67.5	73.5 ~ 118	178 ~ 295

（2）安装注意事项

1）切勿将滑块推出直线导轨或将滑块推过行程。若需拆下滑块，则必须使用引导导轨。

2)分清基准导轨副与非基准导轨副(我国生产的在基准导轨副侧标有字母"J",进口的一般不分)。

3)分清导轨副基准侧面,一般我国生产的导轨副标有"J"或标记槽的侧面为基准侧面,进口导轨副上箭头指向的面为基准侧面。

四、任务准备

设备为THMDZT—1型机械装调技术综合实训装置,共10台。所需工、量具及材料见表2-3。

表2-3　所需工、量具及材料

序号	名称	规格	数量	序号	名称	规格	数量
1	内六角扳手	—	10把	7	纯铜棒	—	10根
2	活扳手	250mm	10把	8	长柄一字槽螺钉旋具	250mm	10把
3	钩形扳手	M16、M27	10把	9	三爪顶拔器	160mm	10个
4	轴用卡簧钳	直嘴、尖嘴	10套	10	零件盒	250mm×400mm	若干
5	橡胶锤	—	10把	11	砂纸		若干
6	塞尺	—	10个	12	棉纱		若干

五、任务实施

对THMDZT—1型机械装调技术综合实训装置的二维工作台进行拆卸。具体操作步骤如下:
1)先用内六角扳手将紧固二维工作台的六个螺栓拆下,以便二维工作台能自由移动。
2)用顶拔器将齿轮和手轮拆下。
3)用内六角扳手将上滑板、滚珠丝杠2和直线导轨2拆下。
4)用内六角扳手将中滑板、滚珠丝杠1和直线导轨1拆下。

六、自我检测

(一)判断题

1. 数控机床进给、传动机构中,采用滚珠丝杠的原因是为了提高丝杠精度。　　　(　　)

2. 滚珠丝杠副是将回转运动转化为直线运动,或将直线运动转化为回转运动的部件产品。　　　(　　)

3. 滚珠丝杠副的标准公差等级分为1、2、3、4、5、7、10共七个,10级精度最高。　　　(　　)

4. 在数控机床中常使用滚珠丝杠,目的是用滚动摩擦代替滑动摩擦。　　　(　　)

5. 在滚珠丝杠副轴向间隙的调整方法中,常用双螺母结构,其中以齿差调隙式的调整最为精确和方便。　　　(　　)

6. 滚珠丝杠副由于不能自锁,故在垂直安装应用时需添加平衡或自锁装置。　　　(　　)

（二）选择题

1. 数控机床进给机构采用的丝杠副是（　　）。

A. 双螺母丝杠副　　　　　　　B. 梯形螺母丝杠副

C. 滚珠丝杠副　　　　　　　　D. 蝶形螺母丝杠副

2. 滚珠丝杠副由滚珠丝杠、滚珠螺母、滚珠和（　　）组成。

A. 消隙器　　　　　　　　　　B. 补偿器

C. 滚珠循环装置　　　　　　　D. 插补器

3. 滚珠丝杠副基本导程减小，可以（　　）。

A. 提高承载能力　　　　　　　B. 提高精度

C. 提高传动效率　　　　　　　D. 加大螺纹升角

4. 滚珠丝杠副的公称直径应（　　）。

A. 小于滚珠丝杠工作长度的 1/30　　B. 大于滚珠丝杠工作长度的 1/30

C. 根据接触角确定　　　　　　D. 根据螺纹升角确定

5. 一端固定、一端自由的滚珠丝杠支撑方式适用于（　　）。

A. 滚珠丝杠较短或滚珠丝杠垂直安装的场合

B. 位移精度要求较高的场合

C. 刚度要求较高的场合

D. 以上三种场合

6. 滚珠丝杠副和普通丝杠副相比，其主要特点是（　　）。

A. 将旋转运动变为直线运动　　B. 可预紧消隙，提高传动精度

C. 不能自锁，有可逆性　　　　D. 摩擦系数小

7. 滚珠丝杠副预紧的目的是（　　）。

A. 增加阻尼比，提高抗振性　　B. 提高运动平稳性

C. 消除轴向间隙和提高传动刚度　D. 加大摩擦力，使系统自锁

8. 滚珠丝杠副消除轴向间隙的主要目的是（　　）。

A. 减小摩擦力矩　　　　　　　B. 延长使用寿命

C. 提高反向传动精度　　　　　D. 增大驱动力矩

9. 可以精确调整滚珠丝杠副轴向间隙的结构式是（　　）。

A. 双滚珠螺母垫片式　　　　　B. 双滚珠螺母齿差式

C. 双滚珠螺母螺纹式　　　　　D. 双滚珠螺母紧固式

10. 一般（　　）对滚珠丝杠副上的润滑脂更换一次。

A. 每月　　　　　　　　　　　B. 每半年

C. 每年　　　　　　　　　　　D. 每两年

11. 贴塑导轨（在两个金属滑动面之间粘贴了一层特制的复合工程塑料带）比滚动导轨的抗振性要好，主要是由于其动、静副之间为（　　）。

A. 面接触　　　　　　　　　　B. 线接触

C. 点接触　　　　　　　　　　D. 不接触

12. 数控机床导轨中低速运动时不易爬行的是（　　）导轨。

A. 滚动直线　　　B. 滑动　　　C. 静压　　　D. 动压

子任务二　直线导轨及滚珠丝杠的装配与调整

 学习目标

1. 掌握百分表的构造、安装和测量方法。
2. 能利用杠杆百分表检测平行度。

一、任务描述

量仪是将被测几何量值转换成可直接观察的指示值或等效信息的计量器具。量仪一般具有传动放大系统。其按原始信号转换原理的不同可分为机械式量仪、光学式量仪、电动式量仪和气动式量仪四类，其中机械式量仪应用最广。

百分表是机械式量仪。借助于百分表，可以对新设备进行组装并达到一定的精度要求。通过子任务一，将二维工作台进行了拆卸。本工作任务是借助杠杆百分表按装配图的技术要求，对二维工作台（见图 2-1）上的直线导轨及滚珠丝杠进行装配与调整。

二、问题引导

问题 1：钟面式百分表与杠杆式百分表在使用上有什么不同？

问题 2：辨认基准面 A、B、C 的位置。

问题 3：直线导轨 1 到基准面 A 的距离是多少？如何测量？直线导轨 1 与基准面 A 的平行度误差应小于多少？

问题 4：两根直线导轨 1 之间的距离是多少？如何测量？两根直线导轨 1 的平行度误差应小于多少？

问题 5：说出轴承座内轴承的型号，说明其安装形式。

问题 6：滚珠丝杠 1 到底板的高度是多少？两轴承座的高度误差应不超过多少？

问题 7：滚珠丝杠 1 与直线导轨 1 的平行度误差应小于多少？

问题 8：直线导轨 2 到基准面 B 的距离是多少？如何测量？直线导轨 2 与基准面 B 的平行度误差应小于多少？

问题 9：两根直线导轨 2 之间的距离是多少？如何测量？两根直线导轨 2 的平行度误差应小于多少？

问题 10：滚珠丝杠 2 到底板的高度是多少？两轴承座的高度误差应不超过多少？

问题 11：滚珠丝杠 2 到直线导轨 2 的平行度误差应小于多少？

三、相关知识

1. 百分表

（1）百分表的构造、作用、类型　各类型百分表的构造如图 2-15 所示。

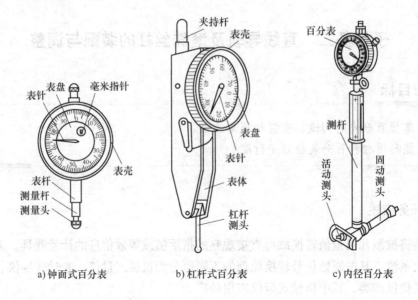

a) 钟面式百分表   b) 杠杆式百分表   c) 内径百分表

图 2-15　各类型百分表的构造

百分表是利用机械结构将被测工件的尺寸放大后，通过读数装置表示出来的一种量具。它具有体积小、结构简单、使用方便、价格便宜等优点。

百分表主要用来检测零件的形状公差和位置公差，也可用比较测量的方法测量零件的几何尺寸。

百分表的常见类型有钟面式百分表、杠杆百分表和内径百分表（把钟面式百分表安装在专用的表架上，就形成了内径百分表）等。

杠杆百分表体积较小，杠杆测头的位移方向可以改变，因而校正工件和测量工件都很方便。尤其是测量小孔或在机床上校正零件时，由于空间限制，钟面式百分表往往放不进去或测量杆无法与工件被测表面垂直，这时使用杠杆百分表就非常方便，如图 2-16 所示。

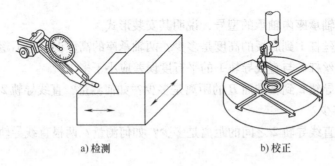

a) 检测   b) 校正

图 2-16　用杠杆百分表检测与校正

使用杠杆百分表时的注意事项如下：

1）夹持杠杆百分表的表架应牢固可靠，并且要有足够的刚度，悬臂长度应尽量短。表装夹好后若需调整位置，则应先松开紧固螺钉，再转动轴套，不能直接转动表体。

2）测量时应使杠杆百分表的测量杆轴线与测量线尽量垂直，如图 2-17 所示。

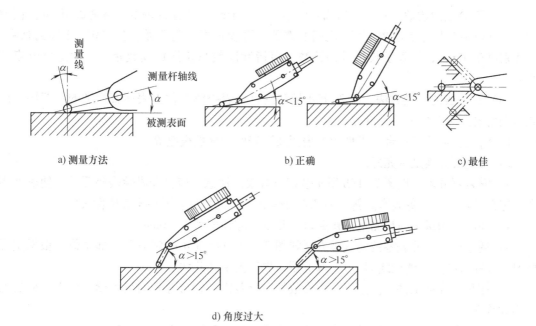

a) 测量方法   b) 正确   c) 最佳

d) 角度过大

图 2-17 杠杆百分表的使用

（2）百分表的安装 百分表要安装在表座上才能使用。百分表的安装及测量如图 2-18 所示。钟面式百分表一般安装在万能表座或磁性表座上，杠杆百分表一般安装在专用表座上。

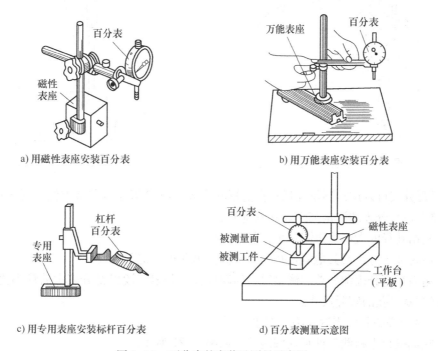

a) 用磁性表座安装百分表   b) 用万能表座安装百分表

c) 用专用表座安装标杆百分表   d) 百分表测量示意图

图 2-18 百分表的安装及测量示意图

（3）百分表的读数　百分表短指针每走一格是 1mm，长指针每走一格是 0.01mm。读数时，先读短指针与起始位置"0"之间的整数，再读长指针与起始位置"0"之间的格数，格数乘以 0.01mm，就等于长指针的读数，短指针读数与长指针读数相加，就是百分表的读数。

（4）百分表的测量方法　图 2-18d 是利用百分表检测工件上表面直线度的示意图，以此为例简要介绍百分表的测量方法。

1）清洁。清洁工作台、工件的上表面及下表面、磁性表座等。

2）检查百分表是否完好。

3）安装百分表。按图 2-18b 所示装好百分表。注意：应打开磁性表座开关，使磁性表座固定在平板上，以免表座倾斜，损坏百分表测量杆；百分表要夹牢在磁性表座上。

4）预压。测量头与被测量面接触时，测量杆应预压缩 1～2mm。

5）调零位。百分表零位的调整方法如图 2-19 所示（不一定非要对准零位，根据实际情况，指针对准某一整刻线即可），调好后，提压测量杆几次。

6）测量。拖动工件，读出百分表读数的变化范围，即百分表的最大读数减去百分表的最小读数就是测得值。

7）取下百分表，将其擦拭干净，放回盒内，使测量杆处于自由状态。

（5）用内径百分表检测孔的内径　内径百分表主要用于测量精度较高且较深的孔，如图 2-20 所示。

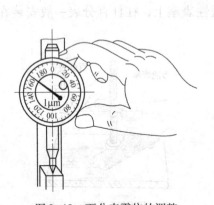

图 2-19　百分表零位的调整

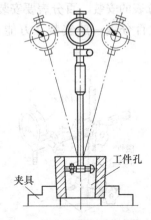

图 2-20　内径百分表测量方法

内径百分表可以用来测量孔径和孔的形状误差，测量深孔时非常方便。通过可换触头，可以调整内径百分表的测量范围。其测量方法如下：

1）根据孔径的大小确定测量头，装上测杆。

2）用内径千分尺或其他测量孔径的量具测出孔径，记下读数。

3）用内径百分表测偏差。测量时，摆动内径百分表，读出百分表中的最小值，加上上一步的读数就是孔的实际尺寸。

（6）百分表的其他用途及测量方法

1）在偏摆仪上检测工件径向圆跳动，如图 2-21 所示。

2）检测工件两边是否等高，如图 2-22 所示。

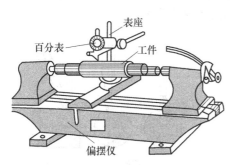

图 2-21　在偏摆仪上检测工件径向圆跳动

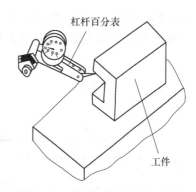

图 2-22　检测工件两边是否等高

3）检测工件径向圆跳动，如图 2-23 所示。

4）检测零件孔的轴线对底面的平行度，如图 2-24 所示。

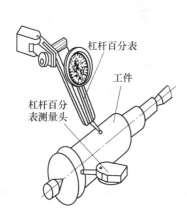

图 2-23　检测工件径向圆跳动

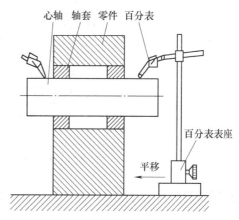

图 2-24　检测零件孔的轴线对底面的平行度

5）检测零件孔的轴线对底面的平行度，如图2-25所示。

（7）百分表的维护与保养方法

1）拉压测量次数不宜过频，距离不要过长，测量的行程不能超过它的测量范围。

2）使用百分表测量工件时，不能将测量头突然放在工件的表面上。

3）不能用手握测量杆，也不要把百分表同其他工具混放在一起。

4）使用表座时要安放平稳、牢固。

5）严防水、油液、灰尘等进入表内。

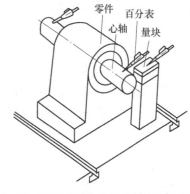

图 2-25　测量零件孔的轴线对底面的平行度

6）用后擦干、擦净，放入盒内，使测量杆处于非工作状态，避免表内弹簧失效。

（8）使用百分表时的注意事项

1）测量前应检查表盘玻璃是否破裂或脱落，测量头、测量杆、套筒等是否有碰伤或锈蚀现象，指针有无松动现象，指针的转动是否平稳等。

2）测量时应使测量杆垂直于零件的被测表面，如图2-26a所示。测量圆柱的直径时，测量杆的中心线要通过被测圆柱面的轴线，如图2-26b所示。

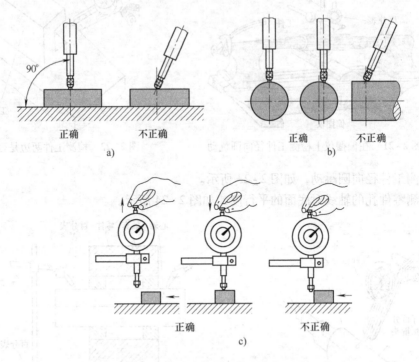

图2-26　百分表的使用注意事项

3）当测量头开始与被测表面接触时，测量杆就应压缩0.3～1mm，以保持一定的初始测量力。

4）测量时应轻提测量杆，移动工件至测量头下面（或将测量头移至工件上），再缓慢放下测量杆使测量头与被测表面接触。不能急速放下测量杆，否则易造成测量误差。不准将工件强行推至测量头下，以免损坏百分表，如图2-26c所示。

2. 直角尺

直角尺如图2-27a所示。直角尺主要用于定性测量工件的垂直度。测量方法如图2-27b所示：左图以直角尺为基准，用透光法来检测工件上面和右面的垂直度；右图以平板为基准，用透光法来检测工件左面的垂直度。

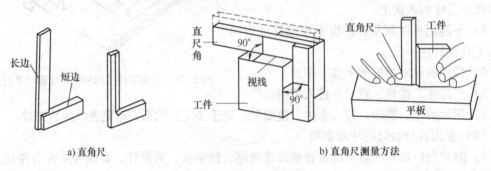

图2-27　直角尺及其测量方法

四、任务准备

设备为 THMDZT—1 型机械装调技术综合实训装置，共 10 台。所需工、量具及材料见表 2-4。

表 2-4 所需工、量具及材料

序号	名称	规格	数量	序号	名称	规格	数量
1	内六角扳手	—	10 把	7	橡胶锤	—	10 把
2	活扳手	250mm	10 套	8	纯铜棒	—	10 根
3	钩形扳手	M16、M27	10 把	9	长柄一字槽螺钉旋具	250mm	10 把
4	轴用卡簧钳	直嘴、尖嘴	10 套	10	游标深度卡尺	—	10 把
5	游标卡尺	300mm	10 把	11	杠杆百分表	—	10 把
6	轴承装配套筒	自制	10 个	12	面纱	—	若干

五、任务实施

对直线导轨与滚珠丝杠进行装配与调整。具体操作步骤如下：

1. 安装直线导轨 1

1）以底板侧面（磨削面）为基准面 A，调整底板的方向，将基准面 A 朝向操作者，以便以此面为基准安装直线导轨。

2）将直线导轨 1 中的一根导轨放到底板上，使其两端靠在底板上的导轨定位基准块上（如果导轨由于固定孔位限制不能靠在定位基准块上，则在导轨与定位基准块之间增加调整垫片），用 M4×16 的内六角螺钉预紧该直线导轨（加弹垫）。

3）按照导轨安装孔中心到基准面 A 的距离要求（用游标深度卡尺测量），调整直线导轨 1 与导轨定位基准块之间的调整垫片，使其位置达到图样要求，如图 2-28 所示。

4）将杠杆百分表吸在直线导轨 1 的滑块上，使测量头接触在基准面 A 上，然后沿直线导轨 1 滑动滑块，通过橡胶锤调整导轨，同时增减调整垫片的厚度，使直线导轨 1 与基准面之间的平行度符合要求，最后将导轨固定在底板上，并压紧导轨定位装置，如图 2-29 所示。

图 2-28 调整直线导轨 1 的位置

图 2-29 调整直线导轨 1 与基准面的平行度

提示： 后续的安装工作均以该直线导轨为安装基准（以下称该导轨为基准导轨）。

5）将直线导轨 1 中的另一根导轨放到底板上，用内六角螺钉预紧此导轨，然后用游标卡尺测量两导轨之间的距离，通过调整导轨与导轨定位基准块之间的调整垫片，将两导轨的距离调整到所要求的距离，如图 2 - 30 所示。

6）以底板上安装好的导轨为基准，将杠杆百分表吸在基准导轨的滑块上，使测量头接触另一根导轨的侧面，然后沿基准导轨滑动滑块，通过橡胶锤调整导轨，同时增减调整垫片的厚度，使两导轨的平行度符合要求，最后将导轨固定在底板上，并压紧导轨定位装置，如图 2 - 31 所示。

图 2 - 30　调整两直线导轨之间的距离　　　　图 2 - 31　调整两直线导轨的平行度

提示：预紧直线导轨 1 时，螺钉的尾部应全部陷入沉孔，否则拖动滑块时螺钉尾部会与滑块发生摩擦，将导致滑块损坏。

2. 安装滚珠丝杠 1

1）用 M6 × 20 的内六角螺钉（加 $\phi6mm$ 平垫片、弹簧垫圈）将滚珠螺母支座固定在滚珠丝杠 1 的滚珠螺母上，如图 2 - 32 所示。

图 2 - 32　滚珠螺母支座的固定

2）利用轴承安装工具、纯铜棒、卡簧钳等工具，将端盖、轴承内隔圈、轴承外隔圈、角接触球轴承（7202）、$\phi15mm$ 轴用卡簧、轴承（6202）分别安装在滚珠丝杠 1 的相应位置。注意：为了控制两角接触球轴承的预紧力，轴承及轴承内、外隔圈应经过测量。

图 2 - 33　滚珠丝杠轴承的安装

3）将轴承座 1 和轴承座 2 分别安装在滚珠丝杠上，用 M4 × 10 内六角螺钉将端盖固定，如图 2 - 34 所示。注意：通过测量轴承座与端盖之间的间隙，选择相应的调整垫片。

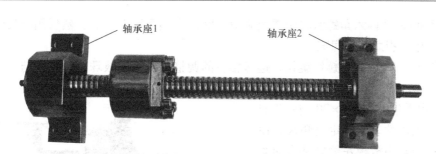

图 2-34 滚珠丝杠轴承座的安装

4）用 M6×30 内六角螺钉（加 φ6mm 平垫片、弹簧垫圈）将轴承座预紧在底板上。在滚珠丝杠主动端安装限位套管、M14×1.5 圆螺母、齿轮、轴端挡圈、M4×10 六角头螺钉和键（4mm×4mm×16mm），如图 2-35 所示。

5）分别将滚珠螺母移动到滚珠丝杠的两端，用杠杆百分表判断两轴承座的中心高度是否相等。通过在轴承座下加入相应的调整垫片，使两轴承座的中心高度相等，如图 2-36 所示。

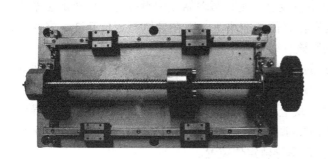

图 2-35 滚珠丝杠轴承座的固定

图 2-36 滚珠丝杠两轴承座等高测试

6）分别将滚珠螺母移动到滚珠丝杠的两端，同时将杠杆百分表吸在直线导轨 1 的滑块上，使测量头与滚珠螺母接触，沿直线导轨滑动滑块，通过橡胶锤调整轴承座，使滚珠丝杠 1 与直线导轨 1 平行。

提示： 禁止将滚珠丝杠 1 的滚珠螺母旋出滚珠丝杠，否则将导致滚珠螺母损坏；轴承的安装方向必须正确。

3. 安装中滑板及直线导轨 2

1）将等高块分别放在直线导轨滑块上，然后将中滑板放在等高块上（使侧面经过磨削的面朝向操作者的左边），调整滑块的位置。用 M4×70 内六角螺钉（加 φ4mm 弹簧垫圈）将等高块、中滑板固定在导轨滑块上，如图 2-37 所示。

图 2-37 中滑板的安装

2）用 M6×20 内六角螺钉将中滑板和滚珠螺母支座预紧在一起，然后用塞尺测量滚珠螺母支座与中滑板之间的间隙。

3）将 M4×70 内六角螺钉旋松，选择相应的调整垫片加入滚珠螺母支座与中滑板之间的间隙中。

4）将中滑板上的 M4×70 内六角螺钉预紧。用大磁性表座固定直角尺，使直角尺的一边与中滑板左侧的基准面紧贴在一起。将杠杆百分表吸附在底板上的合适位置，使测量头打在直角尺的另一边上，同时将手轮装在滚珠丝杠 2 上面。摇动手轮使中滑板左右移动，观察杠杆百分表的示数是否发生变化。如果杠杆百分表示数不发生变化，则说明中滑板上的导轨与底板的导轨已经垂直。如果杠杆百分表示数发生变化，则用橡

图 2-38　底板与中滑板垂直度的检测

胶锤轻轻打击中滑板，使上下两层导轨保持垂直，如图 2-38 所示。

5）将直线导轨 2 中的一根导轨放到中滑板上，使其两端靠在中滑板上的导轨定位基准块上（如果导轨由于固定孔位限制不能靠在定位基准块上，则在导轨与定位基准块之间增加调整垫片），用 M4×16 内六角螺钉预紧该直线导轨（加弹垫）。

6）按照导轨安装孔中心到基准面 B 的距离要求（用游标深度卡尺测量），调整直线导轨 2 与导轨定位基准块之间的调整垫片，使其位置达到图样要求。

7）将杠杆百分表吸在直线导轨 2 的滑块上，使测量头接触在基准面 B 上，沿直线导轨 2 滑动滑块，通过橡胶锤调整导轨，同时增减调整垫片的厚度，使导轨与基准面之间的平行度符合要求，将导轨固定在中滑板上，并压紧导轨定位装置。

提示：后续的安装工作均以该直线导轨为安装基准（以下称该导轨为基准导轨）。

8）将直线导轨 2 中的另一根导轨放到底板上，用内六角螺钉预紧此导轨，然后用游标卡尺测量两导轨之间的距离，通过调整导轨与导轨定位基准块之间的调整垫片，将两导轨的距离调整到所要求的距离。

9）以中滑板上安装好的导轨为基准，将杠杆百分表吸在基准导轨的滑块上，使测量头接触另一根导轨的侧面，然后沿基准导轨滑动滑块，通过橡胶锤调整导轨，同时增减调整垫片的厚度，使两导轨的平行度符合要求，最后将导轨固定在中滑板上，并压紧导轨定位装置。

提示：

1）直线导轨 2 的安装与直线导轨 1 的安装步骤和方法一样。

2）预紧直线导轨 2 时，应使螺钉的尾部全部陷入沉孔，否则拖动滑块时螺钉尾部会与滑块发生摩擦，将导轨滑块损坏。

4. 安装滚珠丝杠 2

1）用 M6×20 内六角螺钉（加 $\phi6mm$ 平垫片、弹簧垫圈）将滚珠螺母支座固定在滚珠丝杠 2 的滚珠螺母上。

2）利用轴承安装工具、纯铜棒、卡簧钳等工具，将端盖、轴承内隔圈、轴承外隔圈、角接触球轴承（7202）、ϕ15mm 轴承卡簧、轴承（6202）分别安装在滚珠丝杠 2 的相应位置。注意：为了控制两角接触球轴承的预紧力，轴承及轴承内、外隔圈应经过测量。

3）将两个轴承座分别安装在滚珠丝杠上，用 M4×10 内六角螺钉将两个端盖固定。注意：通过测量轴承座与端盖之间的间隙，选择相应的调整垫。

4）用 M6×30 内六角螺钉（加 ϕ6mm 平垫片、弹簧垫圈）将轴承座预紧在中滑板上。在滚珠丝杠主动端安装限位套管、M14×1.5 圆螺母、手轮、轴端挡圈、M4×10 六角头螺钉和键（4mm×4mm×16mm）。

5）分别将滚珠螺母移动到滚珠丝杠的两端，用杠杆百分表判断两轴承座的中心高度是否相等。通过在轴承座下加入相应的调整垫片，使两轴承座的中心高度相等。

6）分别将滚珠螺母移动到滚珠丝杠的两端，同时将杠杆百分表吸在直线导轨 2 的滑块上，使测量头接触在滚珠螺母上，然后沿直线导轨滑动滑块，通过橡胶锤调整轴承座，滚珠丝杠 2 与直线导轨 2 平行。

提示：

1）滚珠丝杠 2 的安装与滚珠丝杠 1 的安装步骤和方法一样。

2）禁止将滚珠丝杠 2 的滚珠螺母旋出滚珠丝杠，否则将导致滚珠螺母损坏；轴承的安装方向必须正确。

5. 安装上滑板

1）将等高块分别放在直线导轨滑块上，然后将上滑板放在等高块上（使侧面经过磨削的面朝向操作者），调整滑块的位置。用 M4×70 内六角螺钉（加 ϕ4 弹簧垫圈）将等高块、上滑板固定在导轨滑块上。

2）用 M6×20 内六角螺钉将上滑板和滚珠螺母支座预紧在一起，然后用塞尺测量滚珠螺母支座与上滑板之间的间隙。

3）将 M4×70 内六角螺钉旋松，选择相应的调整垫片加入滚珠螺母支座与上滑板之间的间隙中。

4）将上滑板上的 M4×70、M6×20 螺钉拧紧。

6. 二维工作台垂直度的检验

1）安装完成后，可对二维工作台的垂直度进行检验。

将直角尺放在上滑板上，通过杠杆百分表调整直角尺的位置，使直角尺的一个边与工作台的一个运动方向平行，如图 2-39 所示。

图 2-39 二维工作台垂直度的检验 I

2）把杠杆百分表打在直角尺的另一个边上，使二维工作台沿另一个方向运动，观察杠杆百分表读数的变化，此值即为二维工作台的垂直度误差，如图2-40所示。

图2-40　二维工作台垂直度的检验Ⅱ

六、自我检测

考点1：检测直线导轨1与基准面 *A* 是否平行。

考点2：检测两直线导轨1之间是否平行。

考点3：检测滚珠丝杠1两端的轴承座是否等高。

考点4：检测滚珠丝杠1与直线导轨1之间是否平行。

考点5：检测直线导轨2与基准面 *B* 是否平行。

考点6：检测两直线导轨2之间是否平行。

考点7：检测滚珠丝杠2两端的轴承座是否等高。

考点8：检测滚珠丝杠2与直线导轨2之间是否平行。

考点9：两滚珠丝杠的装配。

任务三

齿轮减速器的装配与调整

学习目标

1. 能读懂齿轮减速器的部件装配图。
2. 能根据图样正确选用所需工、量具。
3. 掌握齿轮传动的相关知识及有关计算。
4. 了解其他齿轮传动。
5. 掌握定轴轮系传动比的简单计算方法。
6. 掌握齿轮减速器的装配与调整工艺。

一、任务描述

齿轮减速器是机械设备中广泛使用的部件之一。要求通过对齿轮减速器的装配与调整掌握减速器的装配与调整工艺，以及齿轮传动的理论知识及齿轮的相关计算，为设备维修及技术改造奠定基础。

本次工作任务是对齿轮减速器（见图 3-1）进行装配与调整。

二、问题引导

问题1：齿轮传动按两齿轮的啮合方式分为哪几类？

问题2：渐开线齿轮的基本参数有哪些？标准直齿圆柱齿轮的压力角、齿顶高系数及顶隙系数分别为多少？

问题3：渐开线直齿圆柱齿轮的正确啮合条件是什么？

问题4：常用的齿轮材料有哪些？

问题5：常见的齿轮失效形式有哪几种？

问题6：简述斜齿圆柱齿轮传动的特点。

问题7：简述斜齿轮螺旋线方向的判断方法。

中间轴　　输出轴　　输入轴

图 3-1　齿轮减速器的装配图

问题8：按照传动时各齿轮的轴线位置是否固定，轮系分为哪几类？齿轮减速器属于哪类轮系？

三、相关知识

1. 齿轮传动

（1）齿轮传动的特点　在机械传动中，齿轮传动应用最为广泛。大部分齿轮是用来传递旋转运动的，但也可以把旋转运动变为直线往复运动，如齿轮齿条传动。与其他传动相比，齿轮传动有以下特点：

1）瞬时传动比恒定，平稳性较高，传递运动准确可靠。

2）使用范围广，可实现平行轴、相交轴之间的传动，传递的功率和速度范围较大。

3）结构紧凑、工作可靠，可实现较大的传动比。

4）传动效率高，使用寿命长。

5）齿轮的制造、安装精度要求较高。

6）不适宜远距离两轴之间的传动。

（2）齿轮传动的分类　齿轮传动的类型很多，分类方法也很多，见表3-1。常见齿轮传动类型如图3-2所示。其中，渐开线外啮合直齿圆柱齿轮传动是最常用、最基本的齿轮传动类型。

表3-1　齿轮传动分类

按两齿轮的轴线位置分	平行轴齿轮传动（见图3-2a、b、c、d、e）、相交轴齿轮传动（见图3-2f、g）、交错轴齿轮传动（见图3-2h、i）
按两齿轮的啮合方式分	外啮合齿轮传动（见图3-2a、d）、内啮合齿轮传动（见图3-2b）齿轮齿条啮合传动（见图3-2c）
按轮齿的齿向分	直齿传动（见图3-2a、b、c、f）、斜齿传动（见图3-2d）、人字齿传动（见图3-2e）、曲齿传动（见图3-2g）
按工作条件分	开式传动（齿轮外露）、闭式传动（齿轮封闭于箱体中）
按齿面硬度分	硬齿面（硬度大于350HBW）齿轮传动、软齿面（硬度小于350HBW）齿轮传动

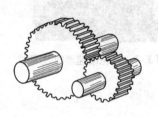
a) 外啮合直齿轮传动

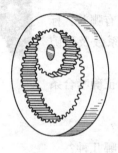
b) 内啮合齿轮传动

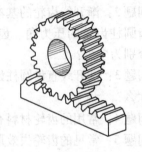
c) 齿轮齿条传动

图3-2　齿轮传动的类型

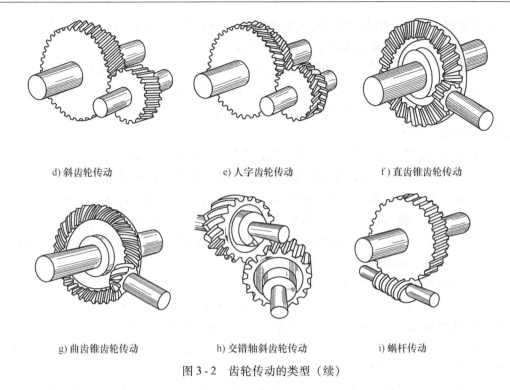

d) 斜齿轮传动　　　　e) 人字齿轮传动　　　　f) 直齿锥齿轮传动

g) 曲齿锥齿轮传动　　　h) 交错轴斜齿轮传动　　　i) 蜗杆传动

图 3-2　齿轮传动的类型（续）

2. 渐开线齿轮各部分名称及基本参数

目前，绝大多数齿轮都采用渐开线齿廓，它既能保证齿轮传动的瞬时传动比恒定，使传动平稳，又容易加工，便于安装，互换性好。

（1）渐开线齿轮各部分名称　图 3-3 所示为渐开线直齿圆柱齿轮的一部分，其各部分名称如下：

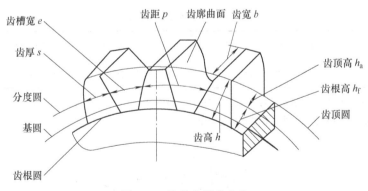

图 3-3　齿轮各部分名称

1）齿顶圆。在圆柱齿轮上，齿顶所在的圆称为齿顶圆，其直径用 d_a 表示，半径用 r_a 表示。

2）齿根圆。在圆柱齿轮上，齿槽底所在的圆称为齿根圆，其直径用 d_f 表示，半径用 r_f 表示。

3）基圆。轮齿渐开线齿廓曲线的生成圆，其直径用 d_b 表示，半径用 r_b 表示。当一直线在基圆周上作纯滚动时，该直线上任意一点的轨迹就是渐开线。

4）分度圆。齿轮上作为齿轮尺寸基准的圆称为分度圆，其直径用 d 表示，半径用 r 表示。对于标准齿轮，分度圆上的齿厚和齿槽宽相等。

5）齿距。齿轮上，相邻两齿同侧齿廓之间的分度圆弧长称为齿距，用 p 表示。

6）齿厚。齿轮上，一个轮齿的两侧齿廓之间的分度圆弧长称为齿厚，用 s 表示。

7）齿槽宽。齿轮上两相邻轮齿之间的空间称为齿槽，一个齿槽的两侧齿廓之间的分度圆弧长称为槽宽，用 e 表示。

8）齿顶高。齿顶圆与分度圆之间的径向距离称为齿顶高，用 h_a 表示。

9）齿根高。齿根圆与分度圆之间的径向距离称为齿根高，用 h_f 表示。

10）齿高。齿顶圆和齿根圆之间的径向距离称为齿高，用 h 表示，$h = h_a + h_f$。

11）顶隙。两齿轮啮合时，一个齿轮的齿顶与另一个齿轮的槽底间有一定的顶隙，称为顶隙，用 c 表示。顶隙可避免两齿轮啮合时，一个齿轮的齿顶面与另一个齿轮的齿槽底面相抵触，还可以储存润滑油，有利于齿面的润滑。

（2）渐开线齿轮的基本参数

1）齿数：在齿轮整个圆周上，均匀分布的轮齿总数称为齿数，用 z 表示。齿数是决定齿廓形状的基本参数之一，同时，齿数与齿轮传动的传动比有密切关系。

2）压力角：在标准齿轮齿廓上，分度圆上的压力角简称压力角，用 α 表示。压力角已经标准化，我国规定，标准压力角 $\alpha = 20°$。

3）模数：模数是齿轮几何尺寸计算中最基本的参数。为了计算和制造上的方便，人为地规定 p/π 的值为标准值，称为模数，用 m 表示，单位为 mm，即 $m = p/\pi$。

模数直接影响齿轮尺寸、轮齿齿形和强度。对于相同齿数的齿轮，模数越大，齿轮的几何尺寸越大，轮齿越大，因此承载能力越强，如图 3-4 所示。标准模数系列见表 3-2。

表 3-2　标准模数系列　　　　　　　　　　　　　　（单位：mm）

第一系列	1，1.25，1.5，2，2.5，3，4，5，6，8，10，12，16，20，25，32，40，50
第二系列	1.125，1.375，1.75，2.25，2.75，3.5，4.5，5.5，（6.5），7，9，11，14，18，22，28，36，45

注：1. 本表适用于渐开线圆柱齿轮，对斜齿轮通常是指法向模数。

2. 优先采用第一系列，括号内的模数尽可能不用。

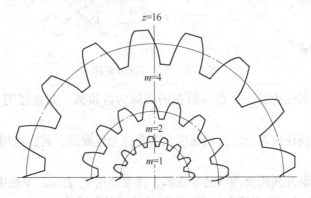

图 3-4　齿数相同模数不同的齿轮

4）齿顶高系数：齿顶高与模数的比值称为齿顶高系数，用 h_a^* 表示，即 $h_a^* = h_a/m$。标准直齿圆柱齿轮的齿顶高系数 $h_a^* = 1$。

5）顶隙系数：顶隙与模数的比值称为顶隙系数，用 c^* 表示，即 $c^* = c/m$。标准直齿圆柱齿轮的顶隙系数 $c^* = 0.25$。

3. 标准直齿圆柱齿轮的基本尺寸

齿顶高 h_a 和齿根高 h_f 为标准值，且分度圆上的齿厚 s 等于齿槽宽 e 的渐开线直齿圆柱轮称为渐开线标准直齿圆柱齿轮。外啮合标准直齿圆柱齿轮的几何尺寸计算公式见表3-3。

表3-3　外啮合标准直齿圆柱齿轮的几何尺寸计算公式

名称	代号	计算公式
齿距	p	$p = \pi m$
齿厚	s	$s = p/2 = \pi m/2$
齿槽宽	e	$e = p/2 = \pi m/2$
基圆齿距	p_b	$p_b = p\cos\alpha = \pi m\cos\alpha$
齿顶高	h_a	$h_a = h_a^* m = m\ (h_a^* = 1)$
齿根高	h_f	$h_f = (h_a^* + c^*)m = 1.25m\ (h_a^* = 1\quad c^* = 0.25)$
全齿高	h	$h = h_a + h_f = (2h_a^* + c^*)m = 2.25m$
顶隙	c	$c = c^* m = 0.25m\ (c^* = 0.25)$
分度圆直径	d	$d = mz$
基圆直径	d_b	$d_b = d\cos\alpha = mz\cos\alpha$
齿顶圆直径	d_a	$d_a = d + 2h_a = m(z + 2)$
齿根圆直径	d_f	$d_f = d - 2h_f = m(z - 2.5)$
齿宽	b	$b = (6 \sim 12)m$，通常取 $b = 10m$
中心距	a	$a = (d_1 + d_2)/2 = (z_1 + z_2)m/2$

例3-1　有一对相啮合的标准直齿圆柱齿轮，齿数 $z_1 = 20$，$z_2 = 32$，模数 $= 10\text{mm}$。试计算其分度圆直径 d、齿顶圆直径 d_a、齿根圆直径 d_f、齿厚 s、基圆直径 d_b 和中心距 a。

解　计算结果见表3-4。

表3-4　计算结果

名称	代号	应用公式	小齿轮/mm	大齿轮/mm
分度圆直径	d	$d = mz$	$d_1 = 10 \times 20 = 200$	$d_2 = 10 \times 32 = 320$
齿顶圆直径	d_a	$d_a = m(z + 2)$	$d_{a1} = 10 \times (20 + 2) = 220$	$d_{a2} = 10 \times (32 + 2) = 340$
齿根圆直径	d_f	$d_f = m(z - 2.5)$	$d_{f1} = 10 \times (20 - 2.5) = 175$	$d_{f2} = 10 \times (32 - 2.5) = 295$
齿厚	s	$s = \pi m/2$	$s_1 = 3.14 \times 10/2 = 15.7$	$s_2 = 3.14 \times 10/2 = 15.7$
基圆直径	d_b	$d_b = d\cos\alpha$	$d_{b1} = 200 \times \cos20° = 188$	$d_{b2} = 320 \times \cos20° = 301$
中心距	a	$a = m(z_1 + z_2)/2$	$a = 10 \times (20 + 32)/2 = 260$	

4. 渐开线齿轮的啮合

（1）齿轮传动的标准中心距　图 3-5 所示为一对渐开线齿轮相啮合的情况，N_1N_2 为两齿轮基圆的内公切线。由于两齿轮啮合时，各啮合点一定在 N_1N_2 上，故 N_1N_2 称为渐开线齿轮传动的啮合线。N_1N_2 与连心线 O_1O_2 的交点 C 称为节点。过节点 C 作两个相切的圆，称为节圆。一对齿轮啮合时，将节圆与分度圆重合时的中心距称为标准中心距，用 a 表示。

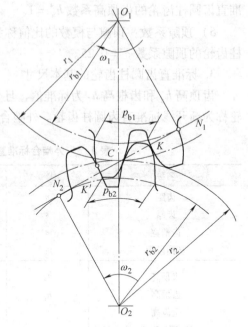

图 3-5　齿轮的正确啮合条件

1）外啮合：$a = m/2(z_1 + z_2)$。

2）内啮合：$a = m/2(z_2 - z_1)$。

（2）渐开线直齿圆柱齿轮的正确啮合条件如图 3-5 所示，一对渐开线齿轮有两对轮齿同时参与啮合，前一对轮齿在 K' 点接触，后一对轮齿在 K 点接触。它们的啮合点都在啮合线 N_1N_2 上。由图 3-5 可以看出，只有当两齿轮相邻两齿的同侧齿廓间在啮合线上的距离（齿距）相等时，才能保证两齿轮正确啮合。由此可得出一对渐开线直齿圆柱齿轮的正确啮合条件如下：

1）两齿轮的模数必须相等，即

$$m_1 = m_2 = m$$

2）两齿轮分度圆上的压力角必须相等，即

$$\alpha_1 = \alpha_2 = \alpha$$

（3）渐开线齿轮传动的传动比　经过推导，两渐开线齿轮传动时的瞬时传动比为两轮齿数的反比，即

$$i_{12} = \frac{n_1}{n_2} = \frac{z_2}{z_1} \tag{3-1}$$

式中　n_1——主动齿轮的转速（r/min）；

　　　n_2——从动齿轮的转速（r/min）；

　　　z_1——主动齿轮的齿数；

　　　z_2——从动齿轮的齿数。

5. 齿轮材料、结构、传动失效形式及维护

（1）常用的齿轮材料　齿轮的齿面应具有较高的耐磨损、抗点蚀、抗胶合及抗塑性变形的能力，而齿根要有较高的抗折断能力。因此，对齿轮材料性能的基本要求为：齿面要硬，齿芯要韧。

配对齿轮的小齿轮因受力及磨损较大，要求其硬度比大齿轮硬度大 20~50HBW。齿轮材料常用钢、铸铁和非金属材料。

1）锻钢。钢材的韧性好，耐冲击，还可以通过热处理或改善其力学性能，提高齿面硬度，故最适于制造齿轮。一般都用锻钢制造齿轮，尺寸过大（$d > 600$mm）或者结构复杂时

宜采用铸造方法制造。常用的是碳含量在0.15% ~0.6%（质量分数）的碳钢或合金钢。

① 软齿面（硬度小于350HBW）。齿轮经热处理后可以切齿。对于强度、速度及精度都要求不高的齿轮，应采用软齿面，以便于切齿，并使刀具不会迅速磨损变钝。因此，应将齿轮毛坯经过正火或调质处理后切齿，切制后即为成品。其精度一般为8级，精切时可达7级。这类齿轮制造简便、经济、生产率高。

② 硬齿面（硬度大于或等于350HBW）。齿轮需进行精加工时采用硬齿面。高速、重载及精密机器（如精密机床、航空发动机）所用的主要齿轮，除要求材料性能优良，轮齿强度高，齿面硬度高（如58 ~65HRC）外，还应进行磨齿等精加工。需精加工的齿轮目前多是先切齿，再做表面硬化处理，最后进行精加工，精度可达5级或4级。这类齿轮精度高，价格较贵，热处理方法有表面淬火、渗碳、渗氮等。所用材料视具体要求及热处理方法而定。

合金钢通过改变所含金属的成分，可使材料的韧性、耐冲击、耐磨损及抗胶合的性能等获得提高，也可通过热处理改善材料的力学性能，提高齿面的硬度。所以既是高速、重载又要求尺寸小、质量小的航空用齿轮，多用性能优良的合金钢（如20CrMnTi，20Cr2Ni4A等）制造。

2）铸钢。铸钢的耐磨性及强度均较好，但需进行退火及正火处理，必要时也可进行调质。铸钢常用于尺寸较大的齿轮。

3）铸铁。灰铸铁性质较脆，抗冲击及耐磨性都较差，但抗胶合及抗点蚀的能力较好。灰铸铁齿轮常用于工作平稳、速度较低、功率不大的场合。

4）非金属材料。对高速轻载及精度不高的齿轮传动，为了降低噪声，常用非金属材料（如夹布胶木、锦纶等）制造小齿轮，大齿轮仍用钢或铸铁制造。为使大齿轮具有足够的抗磨损及抗点蚀的能力，齿面的硬度应为250 ~350HBW。

（2）常用的齿轮结构

1）齿轮轴（见图3-6a）。对于直径较小的钢制齿轮，当其齿根圆直径与相配合轴的直径相差比较小时，可将齿轮和轴制成一体，称为齿轮轴。一般圆柱齿轮齿根圆到键槽顶部的距离$\delta < 2.5$mm，或锥齿轮的小端齿根圆到键槽顶部的距离$\delta < 1.6$mm时，应将齿轮做成齿轮轴。

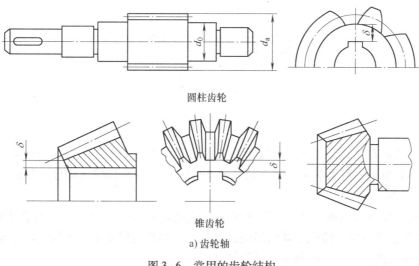

圆柱齿轮

锥齿轮

a) 齿轮轴

图3-6 常用的齿轮结构

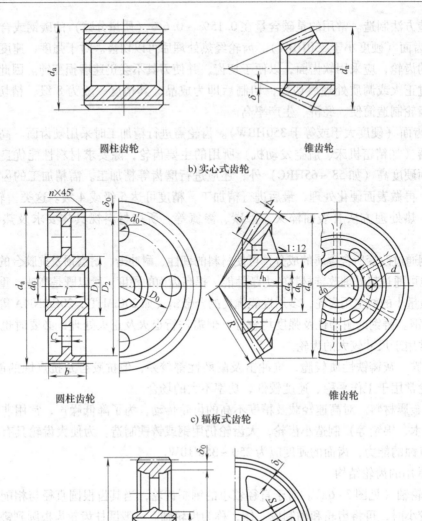

b) 实心式齿轮

圆柱齿轮　　　　　　　　　　　　　　　　　　　锥齿轮

c) 辐板式齿轮

d) 轮辐式齿轮

图 3-6　常用的齿轮结构（续）

2）实心式齿轮（见图 3-6b）。对于圆柱齿轮，当其齿顶圆直径 $d_a \leqslant 200mm$ 时，对于锥齿轮，当 $\delta \geqslant 1.6mm$，且大端齿顶圆直径 $d_a \leqslant 200mm$ 时，应将齿轮与轴分开制造，并将齿轮制成实心式齿轮。

3）辐板式齿轮（见图 3-6c）。对于齿顶圆直径 $d_a \leqslant 500mm$ 的较大圆柱齿轮或锥齿轮，应制成锻造辐板式齿轮。铸造毛坯的辐板式锥齿轮的结构与锻造辐板式锥齿轮基本相同，只是为提高轮坯强度，一般应在辐板上设置加强肋。

4）轮辐式齿轮（见图3-6d）。对于齿顶圆直径 $d_a = 400 \sim 1000\text{mm}$ 和齿宽 $b \leqslant 200\text{mm}$ 的圆柱齿轮，常采用铸铁或铸钢浇注成轮辐式齿轮。

（3）齿轮的失效形式及维护　齿轮传动的失效主要是轮齿的失效，而轮齿的失效形式多种多样，较为常见的是下面的五种失效形式。

1）轮齿折断（见图3-7）。轮齿折断有多种形式，在正常情况下，主要是齿根弯曲疲劳折断。因为在轮齿受载时，齿根处产生的弯曲应力最大，再加上齿根过渡部分的截面突变及加工刀痕等引起的应力集中，在轮齿重复受载后，齿根处就会产生疲劳裂纹，并逐步扩展，致使轮齿疲劳折断。此外，在轮齿受到突然过载时，也可能出现过载折断或剪断；在轮齿受到严重磨损后齿厚过分减薄时，也会在正常载荷作用下发生折断。

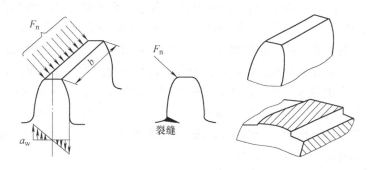

图3-7　轮齿折断分析

为了提高齿轮的抗折断能力，可采取下列措施：

① 增加齿根过渡圆角半径及消除加工刀痕来减小齿根应力集中。

② 增大轴及支承的刚性，使轮齿接触线上受载较为均匀。

③ 采用合适的热处理方法使齿芯材料具有足够的韧性。

④ 采用喷丸、滚压等工艺措施对齿根表层进行强化处理。

2）齿面磨损（见图3-8a）。在齿轮传动中，齿面随着工作条件的不同会出现不同的磨损形式。例如，当啮合齿面间落入磨料性物质（如砂粒、铁屑等）时，齿面即被逐渐磨损直至报废，这种磨损称为磨粒磨损。它是开式齿轮传动的主要失效形式之一。

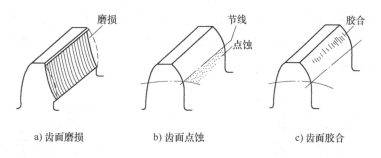

a) 齿面磨损　　b) 齿面点蚀　　c) 齿面胶合

图3-8　齿轮齿面磨损、点蚀和胶合

改进措施：改用闭式齿轮传动是避免齿面磨粒磨损最有效的方法。

3）齿面点蚀（见图3-8b）。点蚀是齿面疲劳损伤的现象之一。在润滑良好的闭式齿轮传动中，常见的齿面失效形式多为点蚀。所谓点蚀就是齿面材料在变化的接触应力作用下，由于疲劳而产生的麻点状损伤现象。齿面上最初出现的点蚀仅为针尖大小的麻点，若工作条件未加改善，则麻点就会逐渐扩大，甚至数点连成一片，最后形成明显的齿面损伤。一般点蚀首先出现在靠近节线的齿根面上，然后再向其他部位扩展。

改进措施：提高齿轮材料的硬度，可以增强齿轮抗点蚀的能力。在啮合的轮齿间加注润滑油可以减小摩擦力，减缓点蚀，延长齿轮的工作寿命，并且在合理的限度内，润滑油的黏度越来越高，上述效果也就越好。所以对速度不高的齿轮传动，用黏度高一点的润滑油润滑为宜。

开式齿轮传动，由于齿面磨损较快，很少出现点蚀。

4）齿面胶合（见图3-8c）。对于高速重载的齿轮传动（如航空发动机减速器的主传动齿轮），齿面间的压力大，瞬间温度高，润滑效果差，当瞬时温度过高时，相啮合的两齿面就会发生粘在一起的现象，由于此时两齿面又在做相对滑动，相黏结的部位即被撕破，于是在齿面上沿相对滑动的方向形成伤痕，称为胶合。传动时齿面瞬时温度越高、相对滑动速度越大的地方，越易发生胶合。有些低速重载的重型齿轮传动，由于齿面间的油膜遭到破坏，也会产生胶合失效。此时，齿面的瞬时温度并无明显增高，故称为冷胶合。

改进措施：加强润滑措施，采用抗胶合能力强的润滑油（如硫化油），在润滑油中加入极压添加剂等，均可防止或减轻齿面胶合。

5）齿面塑性变形。塑性变形属于轮齿永久变形的失效形式。它是在过大的应力作用下，轮齿材料处于屈服状态而产生齿面或齿体塑性流动所形成的。塑性变形一般发生在硬度低的齿轮上，但在重载作用下，硬度高的齿轮上也会出现。

改进措施：提高轮齿齿面硬度，采用高黏度或加有极压添加剂的润滑油，均有助于减缓或防止齿面产生塑性变形。

6. 斜齿圆柱齿轮的传动特点与应用

斜齿圆柱齿轮传动和直齿圆柱齿轮传动一样，仅限于传递两平行轴之间的运动。在直齿圆柱齿轮传动过程中，每个轮齿都沿着渐开线齿面上平行于轴线的直线顺序地进行接触，如图3-9所示。这样，轮齿的啮合就是轮齿沿整个齿宽同时接触、同时分离，轮齿上的力也是突然加上和卸掉的。由于齿轮加工和安装存在误差，因此直齿圆柱齿轮传动在高速时容易发生冲击和噪声。在斜齿圆柱齿轮传动过程中，轮齿和轴线倾斜一个角度（螺旋角 β），由齿顶的一端逐渐地进入啮合，接触线逐渐由短变长，再由长变短，直至完全脱离啮合为止，如图3-10所示。因此，轮齿上所承受的力也逐渐由小到大，然后又逐渐减小，其啮合过程比直齿长，同时啮合的齿数多。

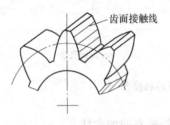

图3-9　直齿圆柱齿轮啮合线

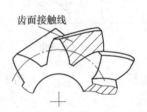

图3-10　斜齿圆柱齿轮啮合线

（1）斜齿圆柱齿轮传动特点

1）承载能力大，适用于大功率传动。

2）传动平稳，冲击、噪声和振动小，适用于高速传动。

3）使用寿命长。

4）由于斜齿轮轮齿与轴线倾斜了一个螺旋角 β，故不能当作变速滑移齿轮。

5）传动时产生轴向力（见图 3-11），需要安装能承受轴向力的轴承，使得支座结构复杂。当轴向力太大时，可用人字齿轮抵消轴向力（见图 3-12），但人字齿轮制造困难，成本高。

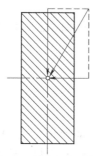

图 3-11　斜齿圆柱齿轮产生轴向力　　　　图 3-12　人字齿轮抵消轴向力

（2）斜齿轮的螺旋角　螺旋角 β 是指螺旋线与轴线的夹角（见图 3-13），通常是指分度圆上的螺旋角。螺旋角不宜太大，一般取 $8° \sim 20°$。如果螺旋角太小，则斜齿圆柱齿轮传动的各项优点不突出；如果螺旋角太大，则产生的轴向力过大，使齿轮和轴承的轴向定位困难。

（3）斜齿轮的螺旋线方向　斜齿圆柱齿轮的螺旋线分为左旋和右旋。其旋向判定方法如下：将斜齿圆柱齿轮轴竖直放置，面对齿轮，轮齿的方向从右向左上升时为左旋斜齿圆柱齿轮，如图 3-14a 所示；反之，轮齿的方向从左向右上升时为右旋斜齿圆柱齿轮，如图 3-14b 所示。

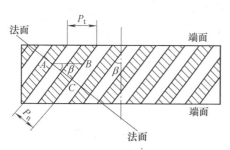

图 3-13　斜齿圆柱齿轮的螺旋角

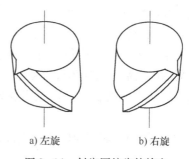

a）左旋　　　b）右旋

图 3-14　斜齿圆柱齿轮旋向

（4）斜齿轮的基本参数　由于螺旋角 β 的存在，斜齿圆柱齿轮的参数分端面和法向两种，即端面模数 m_t、端面压力角 α_t 和法向模数 m_n、法向压力角 α_n。

1）模数。在切齿加工时按法向模数 m_n 选取刀具并调整机床，所以规定法向模数 m_n 为标准值。

端面模数 m_t 是端面齿距 p_t 与 π 的比值，即

$$m_t = p_t / \pi$$

法向模数 m_n 是法向齿距 p_n 与 π 的比值，即

$$m_n = p_n / \pi$$

端面模数与法向模数的关系为

$$m_t = m_n / \cos\beta$$

2）压力角。法向压力角 α_n 是标准值，即 $\alpha_n = 20°$。法向压力角 α_n 和端面压力角 α_t 的关系为

$$\tan\alpha_n = \tan\alpha_t \cos\beta$$

一对外啮合斜齿圆柱齿轮的正确啮合条件是：两齿轮的法向模数、压力角分别相等，螺旋角大小相等、旋向相反，即

$$m_{n1} = m_{n2} = m_n$$
$$\alpha_{n1} = \alpha_{n2} = \alpha_n$$
$$\beta_1 = -\beta_2$$

由于端面上的齿廓曲线是渐开线，所以斜齿轮端面上各部分几何尺寸的关系和直齿轮完全一样，计算公式仍然采用直齿轮的计算公式，只是要代入端面参数。例如，分度圆直径为

$$d = m_t z = m_n z / \cos\beta$$

中心距为

$$a = (d_1 + d_2)/2 = (z_1 + z_2) m_t/2 = (z_1 + z_2) m_n/2\cos\beta$$

7. 直齿锥齿轮传动

直齿锥齿轮的轮齿分布在圆锥面上，有直齿、斜齿和曲齿三种，其中直齿锥齿轮应用最广，如图 3 - 15 所示。

直齿锥齿轮应用于两轴相交时的传动，两轴间的交角可以是任意角度，在实际应用中多采用两轴相互垂直的传动形式。

由于锥齿轮的轮齿分布在圆锥面上，因此轮齿的尺寸沿着齿宽方向变化，大端轮齿的尺寸大，小端轮齿的尺寸小。为了便于测量，并使测量时的相对误差缩小，规定以大端参数作为标准参数。

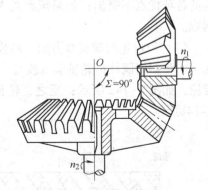

图 3 - 15 直齿锥齿轮传动

为了保证正确啮合，直齿锥齿轮传动应满足以下条件：

1）两齿轮的大端端面模数（端面齿距 p_t 除以圆周率 π 所得的商）相等，即

$$m_{t1} = m_{t2} = m$$

2）两齿轮的大端齿形角相等，即

$$\alpha_1 = \alpha_2 = \alpha$$

8. 齿轮齿条传动

齿轮齿条传动是齿轮传动的一种特殊组合方式。齿条就像一个被拉直后舒展开来的直齿轮。图 3 - 16 所示为齿轮与齿条传动实例。

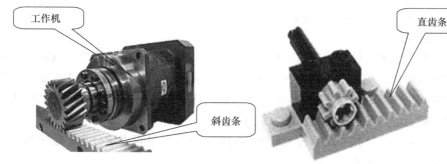

图 3-16 齿轮与齿条传动

（1）齿条 当齿轮的圆心位于无穷远处时，其上各圆的直径趋向于无穷大，齿轮上的基圆、分度圆、齿顶圆等各圆成为基线、分度线、齿顶线等互相平行的直线，渐开线齿廓也变成直线齿廓，齿轮即演化成齿条，如图 3-17 所示。齿条分为直齿条和斜齿条。

与齿轮相比，齿条的主要特点是：

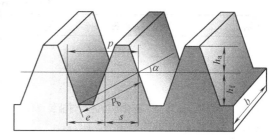

图 3-17 齿条

1）由于齿条的齿廓线是直线，所以齿廓上各点的法线互相平行。传动时，齿条做直线运动，且速度大小和方向均一致。齿条齿廓上各点的齿形角均相等，且等于齿廓直线的倾斜角，其标准值为 20°。

2）由于齿条上各齿的同侧齿廓相互平行，因此无论是在分度线（即基本齿廓的基准线）上、齿顶线上，还是在与分度线平行的其他直线上，齿距都相等，模数为同一标准值。

齿条分度线上的齿厚和齿槽宽相等，齿条分度线是确定齿条各部分尺寸的基准线。

（2）传动 齿轮的转动可以带动齿条直线移动，齿条的前后移动也可以带动齿轮转动。齿轮齿条传动的主要目的是将齿轮的回转运动转变为齿条的直线往复运动，或将齿条的直线往复运动转变为齿轮的回转运动，如图 3-18 所示。

齿条的移动速度可按式（3-2）计算。

$$v = n_1 \pi d_1 = n_1 \pi m z_1 \qquad (3-2)$$

式中 v——齿条的移动速度（mm/min）；

n_1——齿轮的转速（r/min）；

d_1——齿轮分度圆直径（mm）；

m——齿轮的模数（mm）；

z_1——齿轮的齿数。

齿轮每回转一周，齿条移动的距离为

$$L = \pi d_1 = \pi m z_1 \qquad (3-3)$$

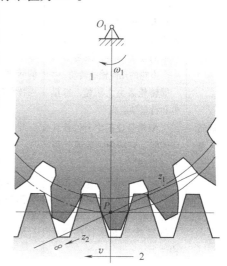

图 3-18 齿轮齿条传动

式中　L——齿条的移动距离（mm）。

9. 轮系的分类

由两个互相啮合的齿轮组成的齿轮机构是齿轮传动中最简单的形式。在机械传动中，为了获得较大的传动比，或将主动轴的一种转速变换为从动轴的多种转速，或改变从动轴的回转方向，往往采用一系列相互啮合的齿轮，将主动轴和从动轴连接起来组成传动机构。这种由一系列相互啮合的齿轮所组成的传动系统称为轮系。

轮系的形式有很多，按照轮系传动时各齿轮的轴线位置是否固定分为定轴轮系、周转轮系和混合轮系三大类，见表3-5。

表3-5　轮系的分类

类别	说明	运动结构简图
定轴轮系	当轮系运转时，所有齿轮的几何轴线位置相对于机架固定不变，也称为普通轮系	 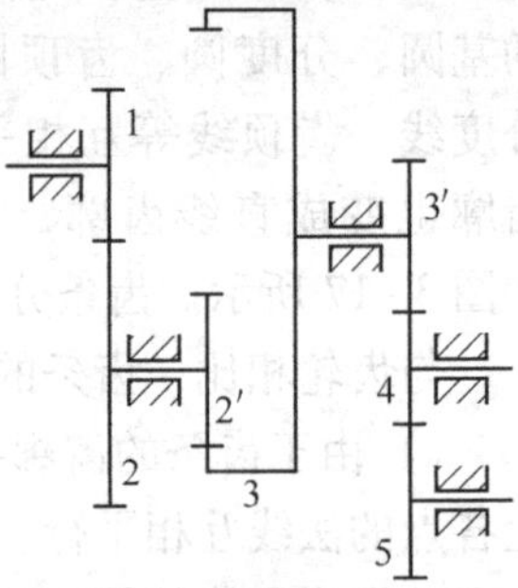
周转轮系	轮系运转时，至少有一个齿轮的几何轴线不是相对于机架的位置固定，而是绕另一个齿轮的几何轴线转动 周转轮系由太阳轮、行星轮和行星架组成 太阳轮是位于中心位置且绕轴线回转的内齿轮或外齿轮（齿圈） 行星轮是同时与中心轮和齿圈啮合，既自转又公转的齿轮 行星架是支撑行星轮的构件	行星轮系：有一个太阳轮的转速为零的周转轮系 差动轮系：太阳轮的转速都不为零的周转轮系
混合轮系	在轮系中，既有定轴轮系又有行星轮系	 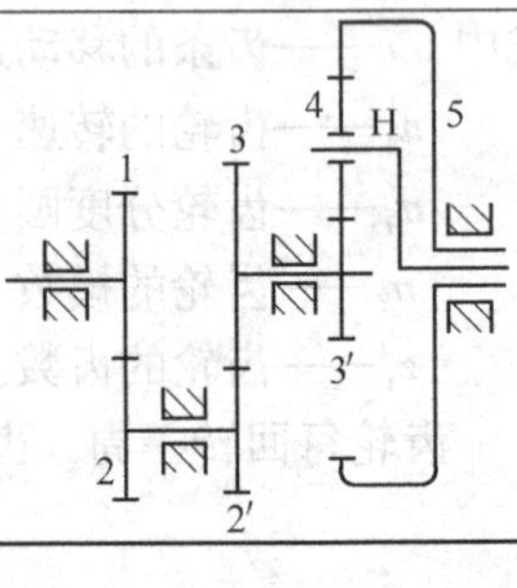

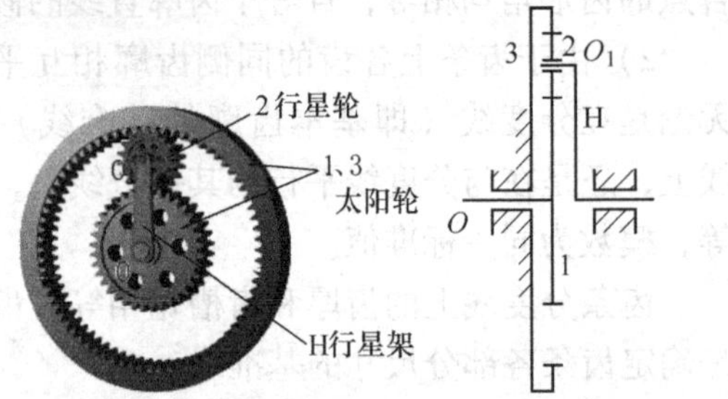

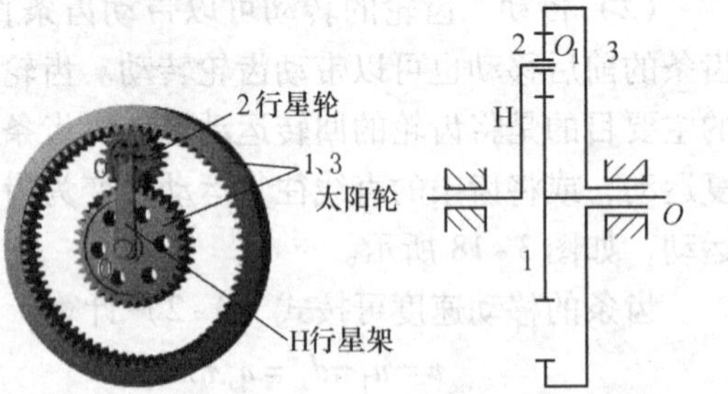

10. 轮系的应用特点

（1）可获得很大的传动比　当两轴之间的传动比较大时，若仅用一对齿轮传动，则两个齿轮的齿数差一定很大，导致小齿轮磨损加快。另外，大齿轮齿数太多，使得齿轮传动结构尺寸增大。为此，一对齿轮传动的传动比不能过大（一般 $i_{12}=3\sim5$，$i_{max}\leqslant8$），而采用轮系传动（见图 3-19）可以获得很大的传动比，以满足低速工作的要求。

（2）可做较远距离的传动　当两轴中心距较大时，若用一对齿轮传动，则两齿轮结构尺寸必然很大，导致传动机构庞大。采用轮系传动，可使结构紧凑，缩小传动装置的空间，节约材料，如图 3-20 所示。

图 3-19　采用轮系获得很大的传动比

图 3-20　远距离传动

（3）可以方便地实现变速和变向要求　在金属切削机床、汽车等机械设备中，经过轮系传动，可使输出轴获得多级转速，以满足不同的工作要求。

如图 3-21 所示，齿轮 1、2 是双联滑移齿轮，可在轴 Ⅰ 上滑移。当齿轮 1 和齿轮 3 啮合时，轴 Ⅱ 获得一种转速；当滑移齿轮右移，使齿轮 2 和齿轮 4 啮合时，轴 Ⅱ 获得另一种转速（齿轮 1、3 和齿轮 2、4 的传动比不同）。

如图 3-22a 所示，当齿轮 1（主动齿轮）与齿轮 3（从动齿轮）直接啮合时，齿轮 3 和齿轮 1 的转向相反。若在两轮之间增加一个齿轮 2（见图 3-22b），则齿轮 3 和齿轮 1 的转向相同。因此，利用中间齿轮（也称惰轮或过桥轮）可以改变从动齿轮的转向。

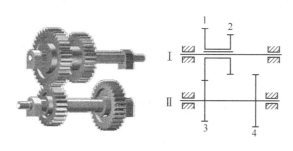

图 3-21　滑移齿轮变速机构

 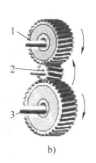

图 3-22　利用中间齿轮变向机构
1—齿轮 1　2—齿轮 2　3—齿轮 3

（4）可以实现运动的合成与分解　采用行星轮系可以将两个独立的运动合成为一个运动，或将一个运动分解为两个独立的运动。汽车后桥差速器在汽车转弯时，能将传动轴输入的一种转速分解为两轮不同的转速，如图 3-23 所示。

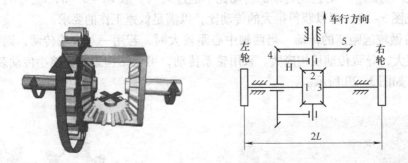

图 3-23　汽车后桥差速器

11. 定轴轮系中各轮转向的判断

一对齿轮传动，当首轮（或末轮）的转向为已知时，其末轮（或首轮）的转向也就确定了，齿轮转向可以用标注箭头的方法表示。一对齿轮传动转向的表达见表 3-6。

表 3-6　一对齿轮传动转向的表达

类别	运动结构简图	转向表达
圆柱齿轮啮合传动	外啮合	主、从动齿轮转向相反时，两箭头指向相反
	内啮合	主、从动齿轮转向相同时，两箭头指向相同

（续）

类别	运动结构简图	转向表达
锥齿轮啮合传动		两箭头同时指向或同时背向啮合点
蜗杆啮合传动		两箭头指向按左手定则或右手定则标注

当轮系中各齿轮轴线互相平行时，其任意级从动齿轮的转向可以通过在图上依次标注箭头的方法来确定，也可以通过数外啮合齿轮的对数来确定。若外啮合齿轮的对数是偶数，则首轮与末轮的转向相同；若为奇数，则转向相反。图 3-24 所示齿轮传动装置中共有两对外啮合齿轮（齿轮 1 与齿轮 2、齿轮 3 与齿轮 4），故齿轮 1 和齿轮 5 的转向相同。

若轮系中含有锥齿轮、蜗杆副或齿轮齿条，则只能用标注箭头的方法表示，如图 3-25 所示。

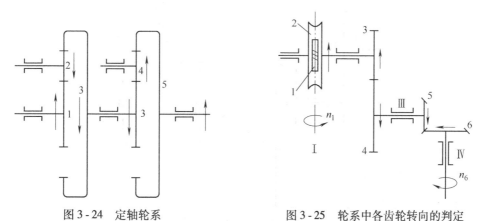

图 3-24　定轴轮系　　　　图 3-25　轮系中各齿轮转向的判定

12. 传动比

（1）传动路线　不管轮系多么复杂，都应从输入轴（首轮转速 n_1）至输出轴（末轮转速 n_k）的传动路线入手进行分析。

图 3 - 26 所示为一个两级齿轮传动装置，运动和动力是由轴Ⅰ经轴Ⅱ传到轴Ⅲ的。

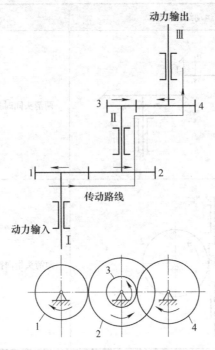

图 3 - 26　两级齿轮传动装置
1—齿轮 1　2—齿轮 2　3—齿轮 3　4—齿轮 4

例 3 - 2　分析图 3 - 27 所示轮系的传动路线。

解　该轮系的传动路线为

$$n_1 \rightarrow \mathrm{I} \xrightarrow{\frac{z_1}{z_2}} \mathrm{II} \xrightarrow{\frac{z_3}{z_4}} \mathrm{III} \xrightarrow{\frac{z_5}{z_6}} \mathrm{IV} \xrightarrow{\frac{z_7}{z_8}} \mathrm{V} \xrightarrow{\frac{z_8}{z_9}} \mathrm{VI} \rightarrow n_9$$

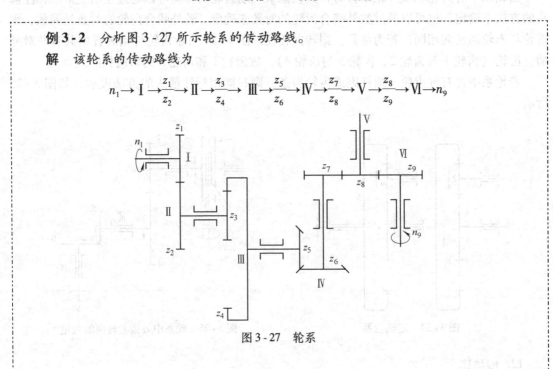

图 3 - 27　轮系

（2）传动比的计算　在图 3 - 26 所示的两级齿轮传动装置中，轴Ⅰ为动力输入轴，轴Ⅲ

为动力输出轴，首轮 1 的转速为 n_1，末轮 4 的转速为 n_4，轴 I 、轴 II 、轴 III 的轴线位置在传动中保持固定不变，轴 I 与轴 III 的传动比，即主动齿轮 1 与从动齿轮 4 的传动比称为该定轴轮系的总传动比 $i_总$。

$$i_总 = \frac{n_1}{n_4} \tag{3-4}$$

轮系的传动比等于首轮与末轮的转速之比。因为 $n_2 = n_3$，所以得

$$i_总 = \frac{n_1}{n_4} = \frac{n_1}{n_2} \cdot \frac{n_3}{n_4} = i_{12}i_{34} = \frac{z_2}{z_1} \cdot \frac{z_4}{z_3} \tag{3-5}$$

式中　i_{12}——齿轮 1 和齿轮 2 之间的传动比；

i_{34}——齿轮 3 和齿轮 4 之间的传动比。

式（3-5）说明轮系的传动比等于轮系中所有从动齿轮齿数的乘积与所有主动齿轮齿数的乘积之比。

由此得出结论：在平行定轴轮系中，若用 1 表示首轮，用 k 表示末轮，外啮合的次数为 m，则其总传动比为

$$i_总 = i_{1k} = (-1)^m \frac{各级齿轮副中从动齿轮齿数的乘积}{各级齿轮副中主动齿轮齿数的乘积} \tag{3-6}$$

在式（3-6）中，当 i_{1k} 为正值时，表示首轮与末轮转向相同；当 i_{1k} 为负值时，表示转向相反。转向也可以通过在图上依次标注箭头来确定。

例 3-3　图 3-28 所示轮系，已知各齿轮齿数及 n_1 转向，求 i_{19} 并判定 n_9 方向。

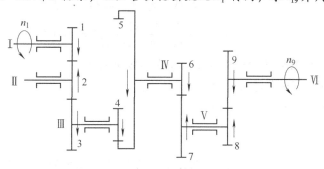

图 3-28　定轴轮系传动比计算

解　因为轮系传动比 $i_总$ 等于各级齿轮副传动比的乘积，所以

$$i_{19} = i_{12}i_{23}i_{45}i_{67}i_{89} = \frac{n_1}{n_2} \cdot \frac{n_2}{n_3} \cdot \frac{n_4}{n_5} \cdot \frac{n_6}{n_7} \cdot \frac{n_8}{n_9}$$

$$= \left(-\frac{z_2}{z_1}\right)\left(-\frac{z_3}{z_2}\right)\left(+\frac{z_5}{z_4}\right)\left(-\frac{z_7}{z_6}\right)\left(-\frac{z_9}{z_8}\right)$$

即

$$i_{19} = (-1)^4 \frac{z_2}{z_1} \cdot \frac{z_3}{z_2} \cdot \frac{z_5}{z_4} \cdot \frac{z_7}{z_6} \cdot \frac{z_9}{z_8}$$

$i_总$ 为正值，表示定轴轮系中主动齿轮 1 （首轮）与定轴轮系中末端齿轮 9 （输出轮）转向相同。转向也可以通过在图上依次标注箭头来确定。

例3-4 如图3-29所示，已知 $z_1 = 24$，$z_2 = 28$，$z_3 = 20$，$z_4 = 60$，$z_5 = 20$，$z_6 = 20$，$z_7 = 28$，齿轮1为主动齿轮。分析该轮系的传动路线并求传动比 i_{17}；若齿轮1转向已知，试判断定齿轮7的转向。

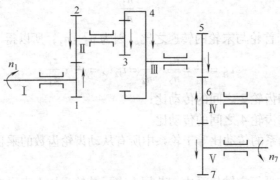

图3-29 定轴轮系

分析 该轮系的传动路线为

$$n_1 \rightarrow \mathrm{I} \xrightarrow{\frac{z_1}{z_2}} \mathrm{II} \xrightarrow{\frac{z_3}{z_4}} \mathrm{III} \xrightarrow{\frac{z_5}{z_6}} \mathrm{IV} \xrightarrow{\frac{z_6}{z_7}} \mathrm{V} \rightarrow n_7$$

解 根据式（3-6）得

$$i_{17} = \frac{n_1}{n_7} = \left(-\frac{z_2}{z_1} \right)\left(+\frac{z_4}{z_3} \right)\left(-\frac{z_6}{z_5} \right)\left(-\frac{z_7}{z_6} \right)$$

$$= (-1)^3 \times \frac{28 \times 60 \times 20 \times 28}{24 \times 20 \times 20 \times 20} = -4.9$$

结果为负值，说明从动齿轮7与主动齿轮1转向相反。

各轮转向如图3-29中箭头所示。

13. 惰轮的应用

观察图3-30所示轮系，中间齿轮即是前对齿轮的从动齿轮，又是后对齿轮的主动齿轮。根据传动比的计算公式，整个轮系的传动比为

$$i_{13} = \frac{n_1}{n_3} = i_{12}i_{23} = \frac{z_2}{z_1} \cdot \frac{z_3}{z_2} = \frac{z_3}{z_1} \tag{3-7}$$

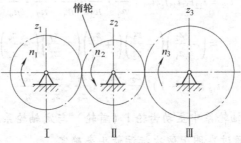

图3-30 惰轮的应用

从式（3-7）可以看出，齿轮 2 的齿数在计算总传动比时可以约去。在轮系中，齿轮 2 既是前齿轮 1 的从动齿轮，又是后齿轮 3 的主动齿轮。不论齿轮 2 的齿数是多少，其对总传动比都毫无影响，但却起到了改变齿轮副中从动齿轮（输出轮）回转方向的作用，这样的齿轮称为惰轮。惰轮常用于传动距离稍远和需要改变转向的场合。显然，两齿轮间若有奇数个惰轮，则首、末两齿轮的转向相同；若有偶数个惰轮，则首、末两齿轮的转向相反。

14. 任意从动齿轮的转速计算

设轮系中各主动齿轮的齿数为 z_1、z_3、z_5、$\cdots$、z_{2n-1}（n 为非零正整数），从动齿轮的齿数为 z_2、z_4、z_6、$\cdots$、z_{2n}（n 为非零正整数），首轮的转速为 n_1，第 k 个齿轮的转速为 n_k，由

$$i_{1k} = \frac{n_1}{n_k} = \frac{z_2 z_4 z_6 \cdots z_k}{z_1 z_3 z_5 \cdots z_{k-1}} \text{（不考虑齿轮旋转方向）}$$

得到第 k 个齿轮的转速为

$$n_k = \frac{n_1}{i_{1k}} = n_1 \frac{z_1 z_3 z_5 \cdots z_{k-1}}{z_2 z_4 z_6 \cdots z_k}$$

例 3-5　如图 3-31 所示，已知 $z_1 = 26$，$z_2 = 51$，$z_3 = 42$，$z_4 = 29$，$z_5 = 49$，$z_6 = 36$，$z_7 = 56$，$z_8 = 43$，$z_9 = 30$，$z_{10} = 90$，轴 I 的转速 $n_I = 200 \text{r/min}$。试求当轴Ⅲ上的三联齿轮分别与轴Ⅱ上的三个齿轮啮合时，轴Ⅳ的三种转速。

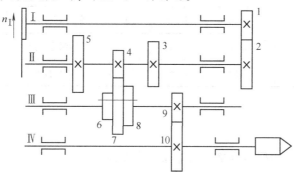

图 3-31　滑移齿轮变速机构

分析　该变速机构的传动路线为

$$\text{I}\,(n_I) \xrightarrow{\frac{z_1}{z_2}} \text{II} \rightarrow \begin{cases} \dfrac{z_5}{z_6} \\[4pt] \dfrac{z_4}{z_7} \\[4pt] \dfrac{z_3}{z_8} \end{cases} \rightarrow \text{III} \xrightarrow{\frac{z_9}{z_{10}}} \text{IV} \rightarrow n_{IV}$$

解　（1）当齿轮 5 与齿轮 6 啮合时

$$n_{IV} = n_I \frac{z_1 z_5 z_9}{z_2 z_6 z_{10}} = 200 \text{r/min} \times \frac{26 \times 49 \times 30}{51 \times 36 \times 90} \approx 46.26 \text{r/min}$$

（2）当齿轮4合齿轮7啮合时

$$n_{\text{IV}} = n_{\text{I}} \frac{z_1 z_4 z_9}{z_2 z_7 z_{10}} = 200\text{r/min} \times \frac{26 \times 29 \times 30}{51 \times 56 \times 90} \approx 17.60\text{r/min}$$

（3）当齿轮3与齿轮8啮合时

$$n_{\text{IV}} = n_{\text{I}} \frac{z_1 z_3 z_9}{z_2 z_8 z_{10}} = 200\text{r/min} \times \frac{26 \times 42 \times 30}{51 \times 43 \times 90} \approx 33.20\text{r/min}$$

四、任务准备

设备为 THMDZT—1 型机械装调技术综合实训装置，共 10 台。所需工、量具及材料见表 3-7。

表 3-7 所需工、量具及材料

序号	名称	规格	数量	序号	名称	规格	数量
1	内六角扳手	—	10 把	7	橡胶锤	—	10 把
2	活扳手	250mm	10 套	8	纯铜棒		10 根
3	钩形扳手	M16、M27	10 把	9	长柄一字槽螺钉旋具	250mm	10 把
4	轴用卡簧钳	直嘴、尖嘴	10 套	10	杠杆百分表	0.8mm	10 套
5	游标卡尺	300mm	10 把	11	游标深度卡尺	200mm	10 套
6	轴承装配套筒	自制	10 个	12	三爪顶拔器	160mm	10 个

五、任务实施

对齿轮减速器进行装配与调整。具体操作步骤如下：

1. 输入轴的安装

将两个角接触球轴承（按背靠背的装配方法）安装在输入轴上，在轴承中间加轴承内、外圈套筒。安装轴承座套和轴承透盖。安装好齿轮和轴套后，将轴承座套固定在箱体上，然后挤压深沟球轴承的内圈把轴承安装在轴上，装上轴承端盖，套上轴承内圈预紧套筒。最后通过调整圆螺母来调整两个角接触球轴承的预紧力。

2. 中间轴的安装

把深沟球轴承压装到固定轴的一端，安装两个齿轮和齿轮中间齿轮套筒及轴套，挤压深沟球轴承的内圈把轴承安装在轴上，最后打上两端的端盖。

3. 输出轴的安装

将两个角接触球轴承（按背靠背的装配方法）安装在输入轴上，在轴承中间加轴承内、外圈套筒。安装轴承座套和轴承透盖。安装好齿轮后，装紧两个圆螺母，然后挤压深沟球轴承的内圈把轴承安装在轴上，装上轴承端盖，套上轴承内圈预紧套筒。最后通过调整圆螺母来调整两角接触球轴承的预紧力。

六、自我检测

1. 已知某标准直齿圆柱齿轮的齿数 $z = 18$，模数 $m = 4$mm，求它的分度圆直径、齿顶圆直径及齿根圆直径。

2. 已知某标准直齿圆柱齿轮的齿顶圆直径为 150mm，齿数为 23，求该齿轮的模数。

3. 已知某标准直齿圆柱齿轮副的模数为 5，其中一个齿轮的齿数为 22，另一个齿轮的齿数为 18，求它们啮合的中心距。

4. 已知某标准直齿圆柱齿轮副中的一个齿轮不慎丢失，测得另一个齿轮的齿顶圆直径为 208mm，齿数为 50，两齿轮的啮合中心距为 160mm，试计算丢失齿轮的模数和齿数。

5. 根据齿轮减速器的部件装配图，计算该减速器的传动比。已知输入轴的转速为 1500r/min，求输出轴的转速。

任务四

间歇回转工作台的装配与调整

 学习目标

1. 能读懂间歇回转工作台的部件装配图。
2. 能根据图样正确选用所需工、量具。
3. 掌握蜗杆传动的相关知识。
4. 掌握间歇机构的相关知识。

一、任务描述

蜗杆传动主要应用于卷扬机、升降机（直升电梯）、数控设备中，具有其他常用传动机构没有的优点和特性。间歇机构是能够将主动件的连续运动转换成从动件的周期性运动或停歇的机构。常见的间歇机构有棘轮机构、槽轮机构和不完全齿轮机构等。

间歇回转工作台（见图4-1）应用了这两种机构。本次工作任务是间歇回转工作台的装配与调整。要求通过本任务的学习，掌握蜗杆副传动的装配与调整工艺，以及间歇机构的类型与应用特点，为机械设备的维修、改造奠定基础。

图4-1　间歇回转工作台装配图

二、问题引导

问题1：按照形状的不同，蜗杆分为哪几类？间歇回转工作台应用了什么样的蜗杆？

问题2：蜗杆或蜗轮的旋向是如何判定的？间歇回转工作台中的蜗杆和蜗轮是左旋还是右旋的？如何判定？

问题3：蜗轮回转方向是如何判定的？

问题4：常用的蜗杆传动冷却方式有哪几种？

问题5：常见的间歇机构有哪几类？间歇回转工作台应用了哪种间歇机构？

问题6：常见的槽轮机构有哪几种类型？间歇回转工作台应用了哪种槽轮机构？

三、相关知识

蜗杆传动主要用于传递空间垂直交错两轴间的运动和动力。蜗杆传动具有传动比大、结构紧凑等优点，广泛应用于机床分度机构、汽车、仪器、起重运输机械、冶金机械及其他机械设备中，如用于图 4-2 所示的万能分度头中。

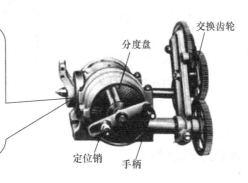

> 万能分度头主要用于铣床，也可供钳工划线使用。机构主要由分度盘和传动比为 1:4 的蜗杆副等组成。分度盘上有多圈不同等分的定位孔。转动与蜗杆相连的手柄将定位销插入选定的定位孔内即可实现分度

图 4-2　万能分度头

1. 蜗杆传动的组成

图 4-3a 所示为蜗杆减速器。从图 4-3 中可以看出，蜗杆传动由蜗杆和蜗轮组成，通常由蜗杆（主动件）带动蜗轮（从动件）转动，并传递运动和动力。蜗杆轴线与蜗轮轴线在空间一般交错成 90°，如图 4-3b 所示。蜗杆和蜗轮都是一种特殊的斜齿轮。

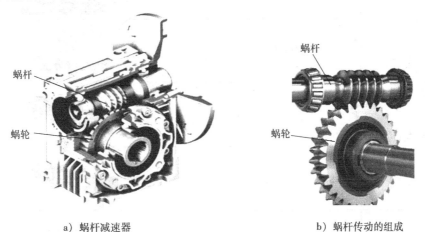

a）蜗杆减速器　　　　　　　　　　b）蜗杆传动的组成

图 4-3　蜗杆传动

（1）蜗杆结构　蜗杆通常与轴合为一体，其结构如图 4-4 所示。

图 4-4　蜗杆结构

（2）蜗轮结构　蜗轮常采用组合结构，连接方式有铸造连接、过盈配合连接和螺栓连

接，其结构如图4-5所示。

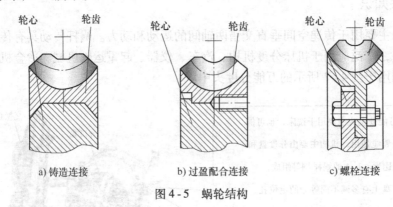

a) 铸造连接　　　　b) 过盈配合连接　　　　c) 螺栓连接

图4-5　蜗轮结构

2. 蜗杆的分类

蜗杆的分类见表4-1。

表4-1　蜗杆的分类

按蜗杆形状不同分类	圆柱蜗杆传动	阿基米德蜗杆（应用广泛）
		渐开线蜗杆
		法向直廓蜗杆
	环面蜗杆传动	
	锥蜗杆传动	
按蜗杆螺旋线方向不同分类	右旋蜗杆	
	左旋蜗杆	
按蜗杆头数不同分类	单头蜗杆	
	多头蜗杆	双头
		三头

3. 蜗轮回转方向的判定

在蜗杆传动中，蜗轮和蜗杆的旋向应一致，即同为左旋或右旋。蜗轮的回转方向取决于蜗杆齿的旋向和蜗杆的回转方向，可用左（右）手定则来判定，见表4-2。

表4-2　蜗轮、蜗杆齿的旋向及蜗轮回转方向的判定方法

要求	图例	判定方法
判断蜗杆或蜗轮齿的旋向	右旋蜗杆　左旋蜗杆　右旋蜗轮　左旋蜗轮	右手定则：手心对着自己，四指顺着蜗杆或蜗轮轴线方向摆正，若齿向与右手拇指指向一致，则该蜗杆或蜗轮为右旋，反之则为左旋
判断蜗轮的回转方向	右旋蜗杆传动　左旋蜗杆传动	左、右手定则：左旋蜗杆用左手，右旋蜗杆用右手，用四指弯曲表示蜗杆的回转方向，拇指伸直代表蜗杆轴线，则拇指所指方向的相反方向即为蜗轮上啮合点的线速度方向

4. 蜗杆传动的主要参数

蜗杆传动的主要参数及几何尺寸计算均以中间平面为准。通过蜗杆轴线并与蜗轮轴线垂直的平面称为中间平面，如图4-6所示。在此平面内，蜗杆相当于齿条，蜗轮相当于渐开线齿轮，蜗杆与蜗轮的啮合相当于渐开线齿轮与齿条的啮合。国家标准规定，蜗杆以轴面（x）参数为标准参数，蜗轮以端面（t）参数为标准参数。

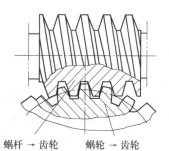

蜗杆 → 齿条　　蜗轮 → 齿轮

图4-6　蜗杆传动中间平面

蜗杆传动的主要参数有模数 m、齿形角 α、蜗杆分度圆导程角 γ、蜗杆分度圆直径 d_1、蜗杆直径系数 q、蜗杆头数 z_1、蜗轮齿数 z_2、蜗轮分度圆柱面螺旋角 β_2 以及蜗杆传动的传动比 i。

（1）模数 m、齿形角 α　蜗杆的轴面模数 m_{x1} 和蜗轮的端面模数 m_{t2} 相等，且为标准值，即

$$m_{x1} = m_{t2} = m$$

蜗杆模数已标准化。蜗杆标准模数见表4-3。

表4-3 蜗杆标准模数（摘自 GB/T 10088—1988） （单位：mm）

第一系列	1, 1.25, 1.6, 2, 2.5, 3.15, 4, 5, 6.3, 8, 10, 12.5, 16, 20, 25, 31.5, 40
第二系列	1.5, 3, 3.5, 4.5, 5.5, 6, 7, 12, 14

注：优先采用第一系列。

蜗杆的轴面齿形角 α_{x1} 和蜗轮的端面齿形角 α_{t2} 相等，且为标准值，即

$$\alpha_{x1} = \alpha_{t2} = \alpha = 20°$$

（2）蜗杆分度圆导程角 γ 蜗杆分度圆导程角是指蜗杆分度圆柱螺旋线的切线与端平面之间所夹的锐角。

图4-7所示为头数 $z_1 = 3$ 的右旋蜗杆分度圆柱面及其展开图。$z_1 p_x$ 为螺旋线的导程，p_x 为轴向齿距，d_1 为蜗杆分度圆直径，则蜗杆分度圆导程角 γ 为

$$\gamma = \arctan \frac{z_1 p_x}{\pi d_1} = \arctan \frac{z_1 m}{d_1}$$

导程角的大小直接影响蜗杆的传动效率。导程角大则传动率高，但自锁性差；导程角小则蜗杆传动自锁性强，但传动效率低。

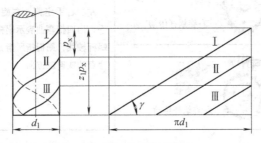

图4-7 蜗杆分度圆导程角 γ

（3）蜗杆分度圆直径 d_1 和蜗杆直径系数 q 为了保证蜗杆传动的正确性，切制蜗轮的滚刀分度圆直径、模数和其他参数必须与该蜗轮相配的蜗杆一致，齿形角与相配的蜗杆相同。蜗杆分度圆直径 d_1 不仅与模数 m 有关，而且与头数 z_1 和导程角 γ 有关。因而，即使模数 m 相同，蜗杆的直径也会不同。对于一定尺寸的蜗杆，必须有一把对应的蜗轮滚刀，即对同一模数、不同直径的蜗杆，必须配备相应的滚刀，这就要求备有数量很多的滚刀，很不经济。在生产中为了使刀具标准化，限制滚刀的数目，对一定模数 m 的蜗杆的分度圆直径 d_1 做了规定，即对 d_1 进行了标准化，见表4-4。蜗杆直径系数 $q = d_1/m$。

表4-4 蜗杆分度圆直径 d_1 值（摘自 GB/T 10088—1988） （单位：mm）

第一系列	4, 4.5, 5, 5.6, 6.3, 7.1, 8, 9, 10, 11.2, 12.5, 14, 16, 18, 20, 22.4, 25, 28, 31.5, 35.5, 40, 45, 50, 56, 63, 71, 80, 90, 100, 112, 125, 140, 160, 180, 200, 224
第二系列	6, 7.5, 8.5, 15, 30, 38, 48, 53, 60, 67, 75, 85, 95, 106, 118, 132, 144, 170, 190

注：优先采用第一系列。

（4）蜗杆头数 z_1 和蜗轮齿数 z_2　一般推荐选用蜗杆头数 $z_1 = 1$、2、4、6。蜗杆头数小，则蜗杆传动的传动比大，容易自锁，传动效率较低；蜗杆头数越大，传动效率越高，但加工也越困难。

蜗轮齿数 z_2 可根据蜗杆头数 z_1 和传动比来确定，一般推荐 $z_2 = 29 \sim 80$。

（5）蜗杆传动的传动比 i　蜗杆传动的传动比为

$$i = \frac{n_1}{n_2} = \frac{z_2}{z_1} \tag{4-1}$$

式中　n_1——蜗杆转速；

n_2——蜗轮转速；

z_1——蜗杆头数；

z_2——蜗轮齿数。

（6）蜗杆传动正确的啮合条件　要组成一对正确啮合的蜗杆与蜗轮，应满足一定条件。蜗杆传动的正确啮合条件为：

1）在中间平面内，蜗杆的轴面模数 m_{x1} 和蜗轮的端面模数 m_{t2} 相等，即

$$m_{x1} = m_{t2} = m$$

2）在中间平面内，蜗杆的轴面齿形角 α_{x1} 和蜗轮的端面齿形角 α_{t2} 相等，即

$$\alpha_{x1} = \alpha_{t2} = \alpha$$

3）蜗杆分度圆导程角 γ_1 和蜗轮分度圆柱面螺旋角 β_2 相等，且旋向一致，即

$$\gamma_1 = \beta_2$$

5. 蜗杆传动的特点

蜗杆传动的主要特点是结构紧凑、工作平稳、无噪声、冲击和振动小以及能得到很大的单级传动比。当用来传递动力时，其传动比可为 $8 \sim 80$；在分度机构中或仅为传递运动时，其传动比可达 1000 或更大。当蜗杆的导程角 $\gamma \leqslant 5°$ 时，蜗杆传动可实现自锁。这一特点在起重设备中得到广泛应用，起安全保障作用。

在制造精度和传动比相同的条件下，蜗杆传动的效率比齿轮传动低。蜗杆和蜗轮齿间发热量较大，会导致润滑失效，引起磨损加剧。同时，蜗轮一般需用贵重的减摩材料（如青铜）制造。因此，蜗杆传动不适用于大功率、长时间工作的场合。

6. 蜗杆传动的润滑

润滑对蜗杆传动具有特别重要的意义。由于蜗杆传动摩擦产生的发热量较大，因此要求工作时有良好的润滑条件。润滑的主要目的就在于减摩与散热，以提高蜗杆的传动效率，防止胶合及减少磨损。蜗杆传动的润滑方式主要有油池润滑和喷油润滑。

7. 蜗杆传动的散热

蜗杆传动由于摩擦力大、传动效率低，因此工作时发热量较大。在闭式传动中，如果不能及时散热，将因油温不断升高而使润滑油稀释，从而增加磨损，甚至发生胶合现象。因此，对于连续工作的闭式蜗杆传动，需要将箱体内的温度控制在许可范围内。

为提高蜗杆传动散热能力，可考虑采取的措施有：在箱体外壁增加散热片，在蜗杆轴端安装风扇进行人工通风，在箱体油池内安装蛇形冷却水管，采用压力喷油循环润滑装置等，如图 4-8 所示。

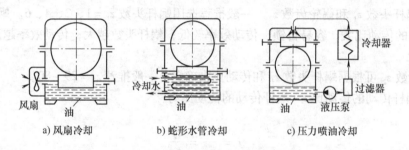

a) 风扇冷却　　　　b) 蛇形水管冷却　　　　c) 压力喷油冷却

图4-8　蜗杆传动的冷却方式

8. 蜗杆传动的常用材料

为了降低摩擦系数、减少磨损和防止胶合破坏，蜗杆通常采用钢材制造，蜗轮采用有色金属（铜合金、铝合金）制造。

对蜗杆而言，高速、重载时常选用15Cr钢、20Cr钢渗碳＋淬火，或45钢、40Cr钢淬火；低速、轻载时选用45钢调质。

对蜗轮而言，常用铸造锡青铜、铸造铝青铜和灰铸铁等。

9. 间歇机构

在自动机械中，加工成品或输送工件时，为了在加工工位完成所需的加工过程，需要给工件提供一定时间的停歇，此时所采用的机构就是间歇机构，如图4-9所示。

间歇机构是能够将主动件的连续运动转换成从动件的周期性运动或停歇的机构。常见的间歇机构有棘轮机构、槽轮机构和不完全齿轮机构等。

（1）棘轮机构　分为齿式棘轮机构和摩擦式棘轮机构。

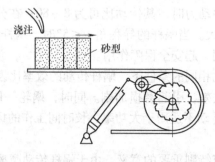

为了满足人的视觉特点，电影放映机的卷片装置使每个画面在镜头前都有短暂的停留。这采用了间歇机构中的槽轮机构

图4-9　间歇机构

1）齿式棘轮机构的工作原理。图4-10所示为机械中常用的齿式棘轮机构。它由棘轮、棘爪和止回棘爪等组成。当主动摇杆按逆时针方向摆动时，棘爪便插入棘轮的齿槽中，使棘轮跟着转过一定角度，此时止回棘爪在棘轮齿背上滑过；当主动摇杆按顺时针方向摆动时，止回棘爪阻止棘轮按顺时针方向转动，而棘爪则只能在棘轮齿背上滑过，这时棘轮静止不动。因此，当主动件作连续的往复摆动时，棘轮做单向间歇运动。

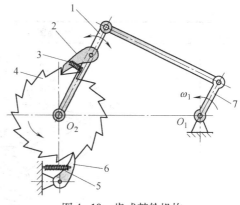

图4-10 齿式棘轮机构
1—摇杆 2—棘爪 3、5—弹簧 4—棘轮
6—止回棘爪 7—曲柄

2）齿式棘轮机构的常见类型及特点。齿式棘轮机构的常见类型及特点见表4-5。

表4-5 齿式棘轮机构的常见类型及特点

类型	简图	特点
外啮合式	单动式棘轮机构 1—棘轮 2—棘爪 3—摇杆 4—止回棘爪	单动式棘轮机构有一个驱动棘爪，只有当主动件按某一方向摆动时，才能推动棘轮转动
	a）直棘爪 b）钩头棘爪 双动式棘轮机构	双动式棘轮机构有两个驱动棘爪，当主动件做往复摆动时，两个棘爪交替带动棘轮沿同一方向做间歇运动

（续）

类型	简图	特点
外啮合式	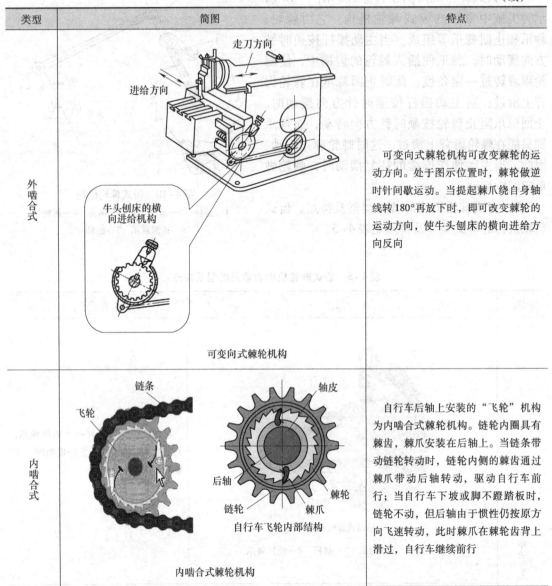 牛头刨床的横向进给机构 走刀方向　进给方向 可变向式棘轮机构	可变向式棘轮机构可改变棘轮的运动方向。处于图示位置时，棘轮做逆时针间歇运动。当提起棘爪绕自身轴线转180°再放下时，即可改变棘轮的运动方向，使牛头刨床的横向进给方向反向
内啮合式	链条　飞轮　轴皮 后轴　链轮　棘轮　棘爪 自行车飞轮内部结构 内啮合式棘轮机构	自行车后轴上安装的"飞轮"机构为内啮合式棘轮机构。链轮内圈具有棘齿，棘爪安装在后轴上。当链条带动链轮转动时，链轮内侧的棘齿通过棘爪带动后轴转动，驱动自行车前行；当自行车下坡或脚不蹬踏板时，链轮不动，但后轴由于惯性仍按原方向飞速转动，此时棘爪在棘轮齿背上滑过，自行车继续前行

3）齿式棘轮机构转角的调节。调节齿式棘轮机构转角是为了在生产实践中满足棘轮转动时动与停的时间比要求。例如牛头刨床，通过调节齿式棘轮机构转角，可以调节进给量，以满足切削工件时的不同要求。

棘轮转角 θ 的大小与棘轮往复一次推过的齿数 k 有关，计算式为

$$\theta = 360° \times \frac{k}{z} \tag{4-2}$$

式中　k ——棘爪往复一次推过的齿数；

　　　z ——棘轮的齿数。

为了满足工作需要，棘轮转角可采用下列方法调节：

① 改变棘轮爪运动范围。如图 4-11 所示，棘轮转角可通过调整曲柄 BC 长度改变摇杆

CD 摆角的方法进行调节。转动螺杆调整曲柄长度，则摇杆的摆动角度改变。若曲柄长度增大，则摇杆的摆动角度增大，棘轮转角也相应增大；反之，则棘轮转角相应减小。

② 利用覆盖罩。如图 4-12 所示，在摇杆摆角不变的前提下，转动覆盖罩，遮挡部分棘齿，当摇杆带动棘爪按逆时针方向摆动时，棘爪先在覆盖罩上滑动，然后才嵌入棘轮的齿槽中推动其运动，从而起到调节转角的作用。

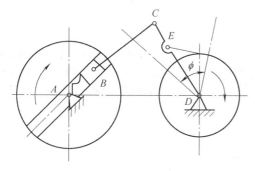

图 4-11　改变棘爪运动范围调节棘轮转角

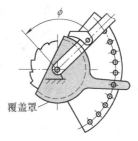

图 4-12　利用覆盖罩调节棘轮转角

4）摩擦式棘轮机构简介。图 4-13 所示为结构最简单的摩擦式棘轮机构。它的传动与齿式棘轮机构相似，但它是靠偏心楔块（棘爪）和棘轮间楔紧时所产生的摩擦力来传递运动的。摩擦式棘轮机构的特点是转角的变化不受轮齿限制，而齿式棘轮机构的转角变化以棘轮的轮齿为单位。因此，摩擦式棘轮机构在一定范围内可任意调节转角，传动噪声小，但在传递较大载荷时易产生滑动。

（2）槽轮机构

1）槽轮机构的组成和工作原理。如图 4-14 所示，槽轮机构主要由带圆销的拨盘、槽轮和机架组成。当主动件拨盘转动时，圆销由图 4-14a 所示位置进入槽轮的槽中，拨动槽轮转动，然后在图 4-14b 所示位置脱离槽轮，槽轮因其凹弧被拨盘的凸弧锁住而静止。

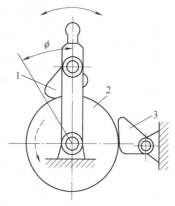

图 4-13　摩擦式棘轮机构
1—偏心楔块（棘爪）　2—棘轮
3—止回棘轮

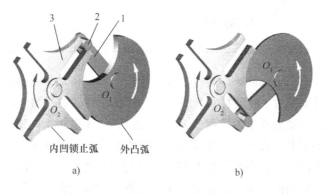

图 4-14　槽轮机构的工作原理
1—拨盘　2—圆销　3—槽轮

2）槽轮机构的常见类型及特点。槽轮机构的常见类型及特点见表4-6。

表4-6 槽轮机构的常见类型及特点

类型	简图	特点
单圆销外槽轮机构	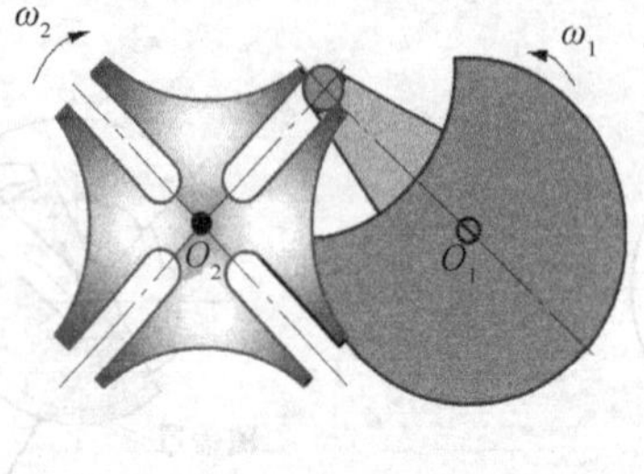	主动拨盘每回转一周，圆销拨动槽轮运动一次，并且槽轮与主动拨盘的转向相反。槽轮静止不动的时间很长
双圆销外槽轮机构	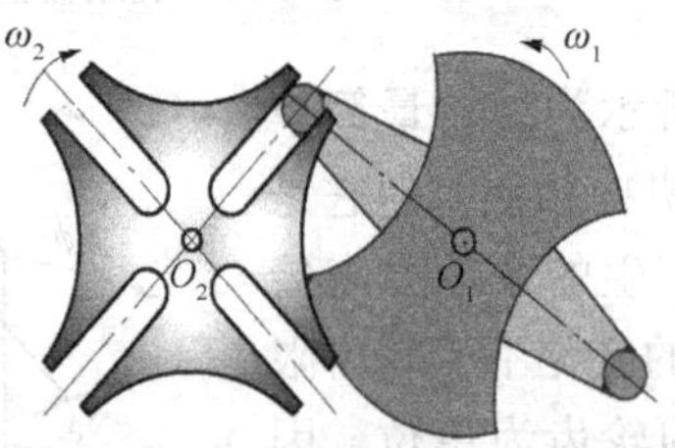	主动拨盘每回转一周，槽轮运动两次，减少了静止不动的时间。槽轮与主动拨盘的转向相反。增加圆销个数，可使槽轮运动次数增多，但圆销数量不宜太多
内啮合槽轮机构	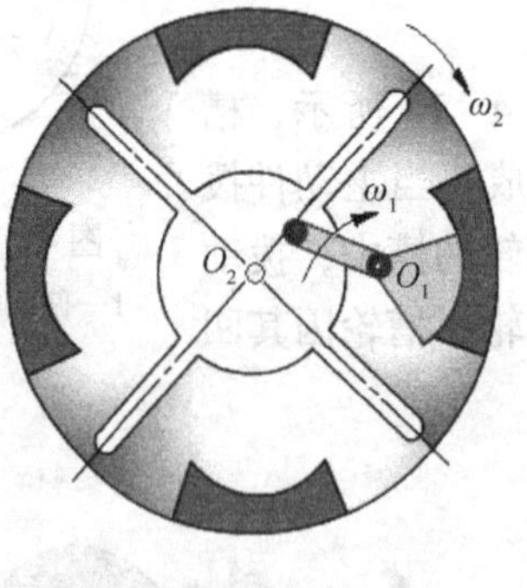	主动拨盘匀速转动一周，槽轮间歇地转过一个槽口，并且槽轮与主动拨盘的转向相同。内啮合槽轮机构结构紧凑，传动较平稳，槽轮停歇时间较短

槽轮机构的特点是：结构简单，转位方便，工作可靠，传动平稳性好，能准确控制槽轮转角；转角的大小受到槽数 z 的限制，不能调节；在槽轮转动的开始与终止位置机构存在冲击现象，且随着转速的增加或槽轮槽数的减少而加剧，故不适用于高速场合。

（3）不完全齿轮机构。图4-15所示为外啮合式不完全齿轮机构。该机构的主动齿轮齿数减少，只保留三个齿，从动齿轮上制有与主动齿轮轮齿相啮合的齿间。主动齿轮转一周，从动齿轮转1/6周，从动齿轮转一周停歇六次。这种主动齿轮做连续转动，从动齿轮做间歇运动的齿轮传动机构称为不完全齿轮机构。不完全齿轮机构是由普通渐开线齿轮机构演变而成的一种间歇运动机构。

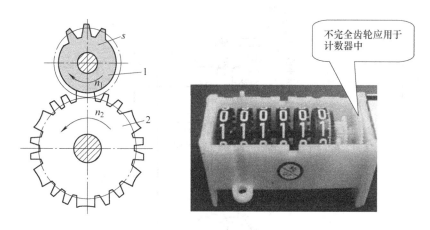

图 4-15 外啮合式不完全齿轮机构
1—主动齿轮 2—从动齿轮

不完全齿轮机构的特点是结构简单、工作可靠、传递力大，但工艺复杂，从动轮在运动的开始与终止位置有较大冲击，一般适用于低速、轻载的场合。

四、任务准备

设备为 THMDZT—1 型机械装调技术综合实训装置，共 10 台。所需工、量具及材料见表 4-7。

表 4-7 所需工、量具及材料

序号	名称	规格	数量	序号	名称	规格	数量
1	内六角扳手	—	10 把	7	橡胶锤	—	10 把
2	活扳手	250mm	10 套	8	纯铜棒	—	10 根
3	钩形扳手	M16、M27	10 把	9	长柄一字槽螺钉旋具	250mm	10 把
4	轴用卡簧钳	直嘴、尖嘴	10 套	10	杠杆百分表	0.8mm	10 套
5	游标卡尺	300mm	10 把	11	游标深度卡尺	200mm	10 把
6	轴承装配套筒	自制	10 个	12	三爪顶拔器	160mm	10 个

五、任务实施

对间歇回转工作台进行装配与调整。具体操作步骤为：间歇回转工作台的安装应遵循先局部后整体的安装方法，首先对局部部件进行安装，然后把各个部件进行组合，完成整个工作的装配，如图 4-16 所示。

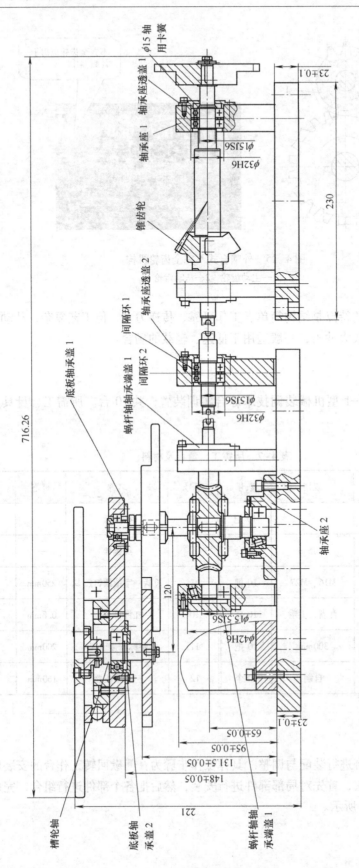

图4-16 间歇回轮工作台的装配

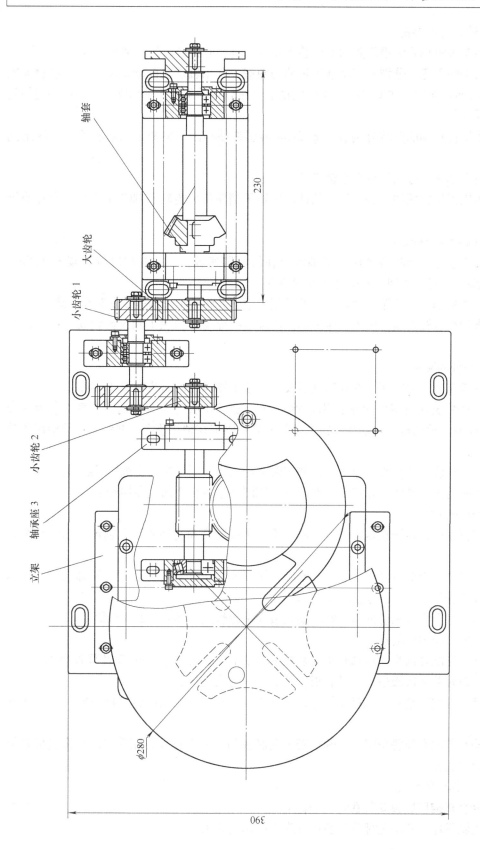

轴套

大齿轮

小齿轮 1

230

小齿轮 2

轴承座 3

立架

Φ280

390

图4-16　间歇回轮工作台的装配（续）

1. 锥齿轮部分的装配

1）在小锥齿轮轴安装锥齿轮的部位装入相应的键，并将锥齿轮和轴套装入。

2）将两个轴承座1分别套在小锥齿轮轴的两端，并用轴承装配套筒将四个角接触球轴承以两个一组面对面的方式安装在小锥齿轮轴上，然后将轴承装入轴承座。注意：中间加间隔环1和间隔环2。

3）在小锥齿轮轴的两端分别装入 $\phi15mm$ 轴用弹性挡圈，将两个轴承座透盖1固定到轴承座上。

4）将两个轴承座分别固定在小锥齿轮底板上。

5）在小锥齿轮轴两端各装入相应的键，用轴承挡圈将大齿轮和08B24链轮固定在小锥齿轮轴上。

2. 增速齿轮部分的装配

1）用轴承装配套筒将两个深沟球轴承装在齿轮增速轴上，并在相应位置装入 $\phi15mm$ 轴用弹性挡圈。注意：中间加间隔环1和间隔环2。

2）将安装好轴承的齿轮增速轴装入轴承座1中，并将轴承座透盖2安装在轴承上。

3）在齿轮增速轴两端各装入相应的键，用轴端挡圈将小齿轮1和大齿轮固定在齿轮增速轴上。

3. 蜗杆部分的装配

1）用轴承装配套筒将两个蜗杆用轴承及圆锥滚子轴承的内圈装在蜗杆的两端。

2）用轴承装配套筒将两个蜗杆用轴承及圆锥滚子轴承的外圈分别装在两个轴承座3上，并把蜗杆轴轴承端盖2和蜗杆轴轴承端盖1分别固定在轴承座上，并注意：圆锥滚子轴承外圈的方向。

3）将蜗杆安装在两个轴承座3上，并把两个轴承座3固定在分度机构用底板上。

4）在蜗杆的主动端装入相应键，并用轴端挡圈将小齿轮2固定在蜗杆上。

4. 蜗轮部分的装配

1）将蜗杆副用透盖装在蜗轮轴上，然后用轴承装配套筒将圆锥滚子轴承内圈装在蜗轮轴上。

2）用轴承装配套筒将圆锥滚子的外圈装入轴承座2中，然后将圆锥滚子轴承装入轴承座2中，并将蜗杆副用透盖固定在轴承座2上。

3）在蜗轮轴上安装相应的键，并将蜗轮装在蜗轮轴上，然后用圆螺母固定。

5. 槽轮拨叉部分的装配

1）用轴承装配套筒将深沟球轴承安装在槽轮轴上，并装上 $\phi17mm$ 轴用弹性挡圈。

2）将槽轮轴装入底板中，并把底板轴承盖2固定在底板上。

3）在槽轮轴的两端各加入相应的键，分别用轴端挡圈、紧定螺钉将四槽轮和法兰盘固定在槽轮上。

4）用轴承装配套筒将角接触球轴承安装到底板的另一个轴承装配孔中，并将底板轴承盖1安装到底板上。

6. 整个工作台的装配

1）将分度机构用底板安装在铸铁平台上。

2）通过轴承座2将蜗轮部分安装在分度机构用底板上。

3）将蜗杆部分安装在分度机构用底板上，通过调整蜗杆的位置，使蜗轮和蜗杆正常啮合。

4）将立架安装在分度机构用底板上。

5）先在蜗轮轴上安装圆螺母，再于装锁止弧的位置装入相应键，并用圆螺母将锁止弧固定在蜗轮轴上，再装上一个圆螺母，上面套上套筒。

6）调节四槽轮的位置，将四槽轮部分安装在立架上，同时将蜗轮轴轴端装入相应位置的轴承孔中，在蜗轮轴端用螺母将蜗轮轴锁紧在深沟球轴承上。

7）将推力球轴承限位块安装在底板上，并将推力球轴承套在推力球轴承限位块上。

8）通过法兰盘将料盘固定。

9）将增速齿轮部分安装在分度机构用底板上，调整增速齿轮部分的位置，使大齿轮和小齿轮 2 正常啮合。

10）将锥齿轮部分安装在铸铁平台上，调节小锥齿轮用底板的位置，使小齿轮 1 和大齿轮正常啮合。

六、自我检测

（一）选择题

1. 在蜗杆传动中，蜗杆与蜗轮轴线在空间一般交错成（　　）。

A. 30°　　　　　　　　B. 60°　　　　　　　　C. 90°

2. 在蜗杆传动中，通常把通过蜗杆轴线与蜗轮轴线（　　）的平面称为中间平面。

A. 垂直　　　　　　　　B. 平行　　　　　　　　C. 重合

3. 国家标准规定，蜗杆以（　　）参数为标准参数，蜗轮以（　　）参数为标准参数。

A. 端面　　　　　　　　B. 轴面　　　　　　　　C. 法面

4. 蜗杆直径系数是计算（　　）分度圆直径的参数。

A. 蜗杆　　　　　　　　B. 蜗轮　　　　　　　　C. 蜗杆和蜗轮

5. 在生产中，为使加工蜗轮的刀具标准化，限制滚刀数量，国家规定了（　　）。

A. 蜗杆直径系数　　　　B. 模数　　　　　　　　C. 导程角

6. 在蜗杆传动中，其几何参数及尺寸计算均以（　　）为准。

A. 垂直平面　　　　　　B. 中间平面　　　　　　C. 法向平面

7. 蜗杆直径系数 q 等于（　　）。

A. m/d_1　　　　　　　B. md_1　　　　　　　C. d_1/m

8. 自行车后轴上的飞轮实际上就是一个（　　）机构。

A. 棘轮　　　　　　　　B. 槽轮　　　　　　　　C. 不完全齿轮

9. 在双圆销外槽轮机构中，曲柄每旋转一周，槽轮运动（　　）次。

A. 一　　　　　　　　　B. 两　　　　　　　　　C. 四

10. 电影放映机的卷片装置采用的是（　　）机构。

A. 不完全齿轮　　　　　B. 棘轮　　　　　　　　C. 槽轮

11. 在双圆柱销四槽槽轮机构中，曲柄旋转一周，槽轮转过（　　）。

A. 90°　　　　　　　　B. 180°　　　　　　　　C. 45°

12. 转塔车床刀具转位机构是采用（　　　）机构来实现转位的。

A. 槽轮　　　　　　　　　　B. 棘轮　　　　　　　　　　C. 齿轮

（二）判断题

1. 蜗杆和蜗轮都是一种特殊的斜齿轮。　　　　　　　　　　　　　　（　　）

2. 在蜗杆传动中，蜗杆与蜗轮轴线在空间交错成60°。　　　　　　（　　）

3. 在蜗杆传动中，一般蜗轮为主动件，蜗杆为从动件。　　　　　　（　　）

4. 蜗杆分度圆直径等于模数 m 与头数 z_1 的乘积。　　　　　　　　（　　）

5. 蜗杆通常与轴做成一体。　　　　　　　　　　　　　　　　　　　（　　）

6. 互相啮合的蜗杆与蜗轮，其螺旋方向相反。　　　　　　　　　　　（　　）

7. 蜗杆分度圆直径不仅与模数有关，而且与头数和导程角有关。　　（　　）

8. 蜗杆导程角大小直接影响蜗杆传动效率。　　　　　　　　　　　　（　　）

9. 蜗杆头数越少，蜗杆传动比就越大。　　　　　　　　　　　　　　（　　）

10. 蜗杆传动的标准模数为蜗杆的轴面模数和蜗轮的端面模数。　　　（　　）

11. 蜗杆传动常用于加速度装置中。　　　　　　　　　　　　　　　　（　　）

12. 在蜗杆传动中，蜗杆导程角越大，其自锁性越强。　　　　　　　（　　）

13. 在不完全齿轮机构中，主动齿轮做连续转动，从动齿轮做间歇运动。（　　）

14. 棘轮机构中棘轮的转角大小可通过调节曲柄的长度来改变。　　　（　　）

15. 棘爪往复运动一次，推过的棘轮齿数与棘轮的转角大小无关。　　（　　）

16. 在应用棘轮机构时，通常有止回棘爪。　　　　　　　　　　　　　（　　）

17. 在槽轮机构中，槽轮是主动件。　　　　　　　　　　　　　　　　（　　）

18. 棘轮机构可以实现间歇运动。　　　　　　　　　　　　　　　　　（　　）

19. 槽轮机构与棘轮机构一样，可方便地调节槽轮转角的大小。　　　（　　）

20. 槽轮机构与棘轮机构相比，其运动平稳性较差。　　　　　　　　　（　　）

自动冲压机构的装配与调整

 学习目标

> 1. 能读自动冲压机构的部件装配图。
> 2. 掌握平面连杆机构的相关知识。
> 3. 掌握滑动轴承的相关知识。

一、任务描述

平面连杆机构是生产、生活中广泛使用的机构之一。本任务要求通过对自动冲压机构的装配与调整，掌握平面连杆机构的特点及应用，同时掌握滑动轴承的有关知识，为机械设备的维修、改造奠定基础。

本次工作任务是自动冲压机构（见图 5 - 1）的装配与调整。

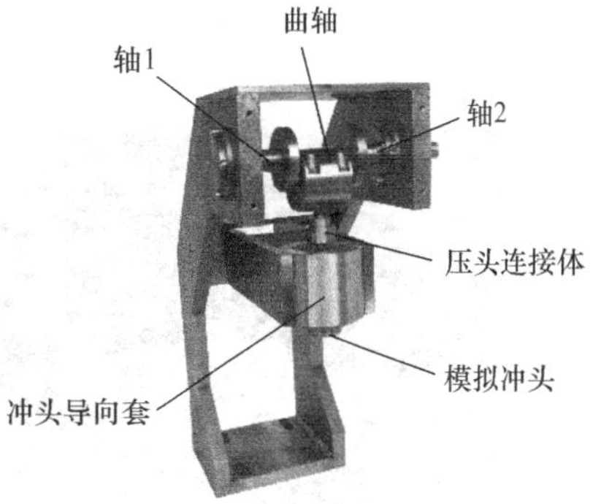

图 5 - 1　自动冲压机构的装配图

二、问题引导

问题 1：什么是四杆机构？哪些设备上应用了四杆机构？

问题 2：平面铰链四杆机构由哪些构件组成？什么是曲柄？什么是摇杆？

问题 3：铰链四杆机构按两连架杆的运动形式不同分为哪几种？

问题 4：铰链四杆机构的演化形式有哪两大类？自动冲压机构应用了哪种类型？

问题 5：滑动轴承按照承载方向的不同分为哪几种类型？找出自动冲压机构中的滑动轴承。

问题 6：简述滑动轴承的主要优点。

三、相关知识

1. 平面连杆机构的特点

平面连杆机构是由一些刚性构件用转动副或移动副相互连接而成，在同一个平面或相互平行的平面内运动的机构。平面连杆机构中的运动副是低副，因此平面连杆机构是低副机构。平面连杆机构能够实现某些较为复杂的平面运动，在生产和生活中广泛用于动力的传递或改变运动形式，如图5-2和图5-3所示。平面连杆机构构件的形状多种多样，不一定为杆状，但从运动原理来看，均可用等效的杆状构件替代。最常用的平面连杆机构是具有四个构件（包括机架）的低副机构，称为四杆机构。

构件间以四个转动副相连的平面四杆机构称为平面铰链四杆机构，简称为铰链四杆机构。铰链四杆机构是四杆机构的基本形式，也是其他多杆机构的基础。

工程上最常用的四杆机构的运动简图如图5-4所示。

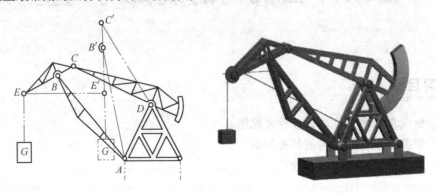

图5-2　起重机

铲土机为了保证铲斗平行移动，防止泥土流出，采用了平面连杆机构

图5-3　铲土机

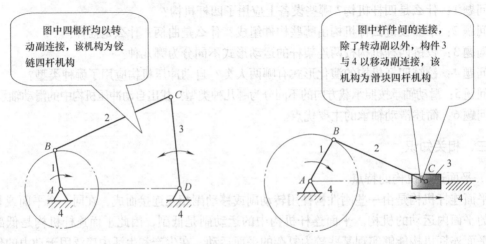

图中四根杆均以转动副连接，该机构为铰链四杆机构

图中杆件间的连接，除了转动副以外，构件3与4以移动副连接，该机构为滑块四杆机构

图5-4　工程上最常用的四杆机构的运动简图

2.铰链四杆机构的组成

如图 5-5 所示,在铰链四杆机构中,固定不动的构件 4 称为机架,不与机架直接相连的构件 2 称为连杆,与机架相连的构件 1、3 称为连架杆。

提示:如果连架杆能做整周旋转,则称为曲柄;如果连架杆仅能在某一角度(小于180°)范围内摇摆,则称为摇杆。

3.铰链四杆机构的分类

铰链四杆机构按两连架杆运动形式的不同,分为曲柄摇杆机构、双曲柄机构和双摇杆机构三种基本类型。

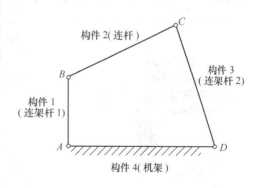

图 5-5 铰链四杆机构

(1)曲柄摇杆机构 两个连架杆中的一个是曲柄,另一个是摇杆的铰链四杆机构称为曲柄摇杆机构。曲柄摇杆机构应用实例见表 5-1。

表 5-1 曲柄摇杆机构应用实例

图例	机构简图	机构运动分析
剪板机		曲柄 AB 为主动件且匀速转动,通过连杆 BC 带动摇杆 CD 做往复摆动,摇杆延伸端实现剪板机上刃口的开合剪切动作
雷达天线仰角摆动机构		曲柄 1 转动,通过连杆 2 使固定在摇杆 3 上的天线做一定角度的摆动,以调整天线的俯仰角
汽车窗刮水器		主动曲柄 AB 回转,从动摇杆 CD 做往复摆动,利用摇杆的延长部分实现刮水动作

（续）

图例	机构简图	机构运动分析
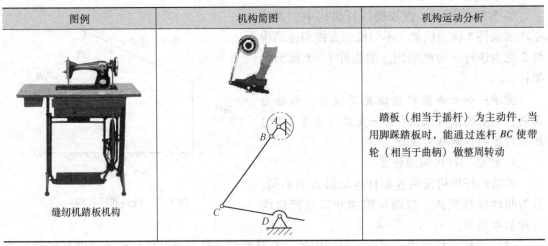 缝纫机踏板机构		踏板（相当于摇杆）为主动件，当用脚踩踏板时，能通过连杆 BC 使带轮（相当于曲柄）做整周转动

（2）双曲柄机构　两个连架杆均为曲柄的铰链四杆机构称为双曲柄机构。常见的双曲柄机构应用实例见表 5-2。双曲柄机构类型见表 5-3。

表 5-2　双曲柄机构应用实例

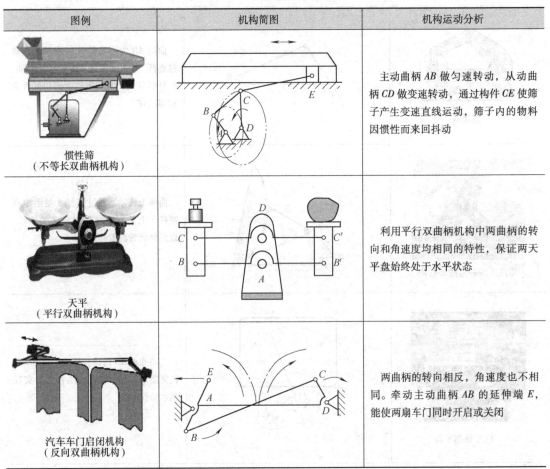

图例	机构简图	机构运动分析
惯性筛 （不等长双曲柄机构）		主动曲柄 AB 做匀速转动，从动曲柄 CD 做变速转动，通过构件 CE 使筛子产生变速直线运动，筛子内的物料因惯性而来回抖动
天平 （平行双曲柄机构）		利用平行双曲柄机构中两曲柄的转向和角速度均相同的特性，保证两天平盘始终处于水平状态
汽车车门启闭机构 （反向双曲柄机构）		两曲柄的转向相反，角速度也不相同。牵动主动曲柄 AB 的延伸端 E，能使两扇车门同时开启或关闭

表5-3　常见的双曲柄机构类型

类型	图示	说明
不等长双曲柄机构		两曲柄长度不等的双曲柄机构
平行双曲柄机构		连杆与机架的长度相等且两曲柄长度相等、曲柄转向相同的双曲柄机构
反向双曲柄机构		连杆与机架的长度相等且两曲柄长度相等、曲柄转向相反的双曲柄机构

（3）双摇杆机构　如图5-6所示，铰链四杆机构中两个连架杆均为摇杆的铰链四杆机构称为双摇杆机构。双摇杆机构应用实例见表5-4。

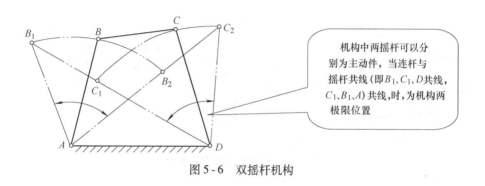

机构中两摇杆可以分别为主动件，当连杆与摇杆共线（即B_1、C_1、D共线，C_1、B_1、A）共线，时，为机构两极限位置

图5-6　双摇杆机构

表5-4 双摇杆机构应用实例

图例	机构简图	机构运动分析
电风扇摇头机构	蜗杆 蜗轮 B C 1 2 4 A 3 D	当电动机输出轴蜗杆带动蜗轮（即连杆BC），转动时，两从动摇杆AB和CD被带动做往复摆动，从而实现电风扇的摇头动作
起重机机构	C' B' C B E' E D G G' A	当摇杆AB摆动时，摇杆CD随之摆动，可使吊在连杆BC上点E处的重物G做近似水平移动，这样可避免重物在平移时产生不必要的升降，减少能量消耗

4. 铰链四杆机构的演化

在实际生产中，除了以上介绍的铰链四杆机构类型外，还广泛采用一些其他形式的四杆机构。它们一般是通过改变铰链四杆机构某些构件的形状、相对长度或选择不同构件作为机架等方式演化而来的。

（1）曲柄滑块机构　曲柄滑块机构是具有一个曲柄和一个滑块的平面四杆机构，是由曲柄摇杆机构演化而来的，如图5-7所示。

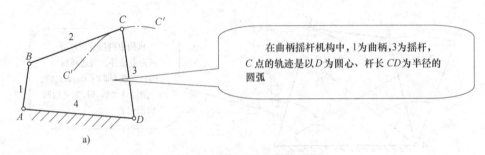

在曲柄摇杆机构中，1为曲柄，3为摇杆，C点的轨迹是以D为圆心、杆长CD为半径的圆弧

a)

图5-7　曲柄滑块机构的演化

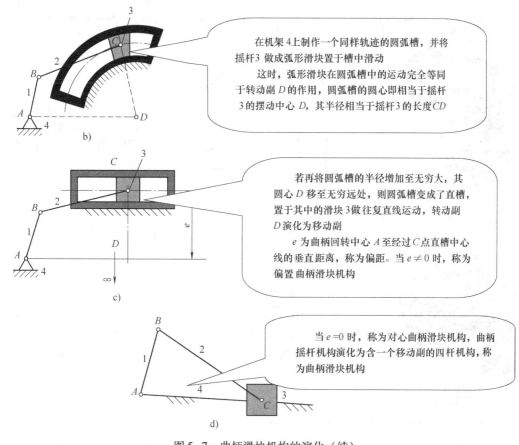

图 5-7　曲柄滑块机构的演化（续）

　　内燃机、蒸汽机、往复式抽水机、空气压缩机及压力机等的主机构都是曲柄滑块机构。曲柄滑块机构应用实例见表 5-5。

表 5-5　曲柄滑块机构应用实例

图例	机构简图	机构运动分析
内燃机气缸 （曲柄滑块机构）		活塞（即滑块）的往复直线运动通过连杆转换成曲轴（即曲柄）的旋转运动

（续）

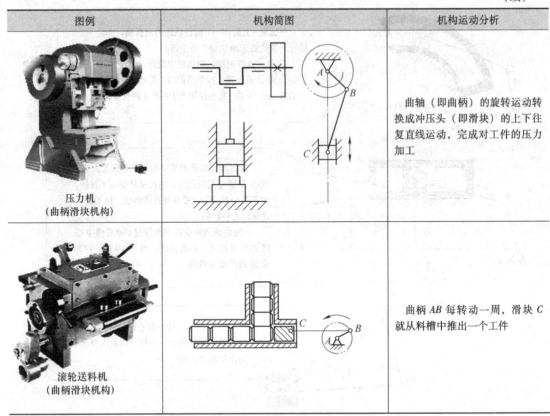

图例	机构简图	机构运动分析
压力机 （曲柄滑块机构）		曲轴（即曲柄）的旋转运动转换成冲压头（即滑块）的上下往复直线运动，完成对工件的压力加工
滚轮送料机 （曲柄滑块机构）		曲柄 AB 每转动一周，滑块 C 就从料槽中推出一个工件

（2）导杆机构　导杆是机构中与另一运动构件组成移动副的构件。连架杆中至少有一个构件为导杆的平面四杆机构称为导杆机构。

导杆机构可以看成是通过改变曲柄滑块机构中固定件的位置演化而来的。当曲柄滑块机构选取不同构件为机架时，会得到不同的导杆机构类型，见表 5-6。

表 5-6　导杆机构类型与应用

导杆机构类型	应用实例	机构简图	应用
摆动导杆机构	牛头刨床主运动机构		主动件 AB 做等速回转，从动件导杆 BC 做往复摆动，带动滑枕做往复直线运动

（续）

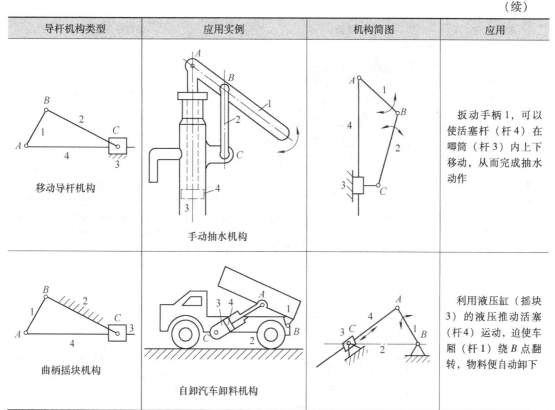

导杆机构类型	应用实例	机构简图	应用
移动导杆机构	手动抽水机构		扳动手柄1，可以使活塞杆（杆4）在唧筒（杆3）内上下移动，从而完成抽水动作
曲柄摇块机构	自卸汽车卸料机构		利用液压缸（摇块3）的液压推动活塞（杆4）运动，迫使车厢（杆1）绕B点翻转，物料便自动卸下

5. 滑动轴承的结构特点

滑动轴承按承载方向的不同，分为径向滑动轴承（承受径向载荷）、止推滑动轴承（承受轴向载荷）和径向止推滑动轴承（同时承受径向载荷和轴向载荷）三种形式。与滚动轴承相比，滑动轴承的主要优点是：运转平稳可靠，径向尺寸小，承载能力大，抗冲击能力强，能获得很高的旋转精度，可实现液体润滑，并能在较恶劣的条件下工作。滑动轴承适用于低速、重载，或转速特别高、对轴的支承精度要求较高以及径向尺寸受限制的场合。

滑动轴承主要由滑动轴承座、轴瓦或轴套组成。装配轴瓦或轴套的机架称为滑动轴承座（简称轴承座）。

常用滑动轴承的结构特点见表5-7。

表5-7 常用滑动轴承的结构特点

类型		结构简图	结构特点
径向滑动轴承	整体式		结构简单，价格低廉，但轴的拆装不方便，磨损后轴承的径向间隙无法调整，适用于轻载、低速或间歇工作的场合

（续）

类型		结构简图	结构特点
径向滑动轴承	剖分式	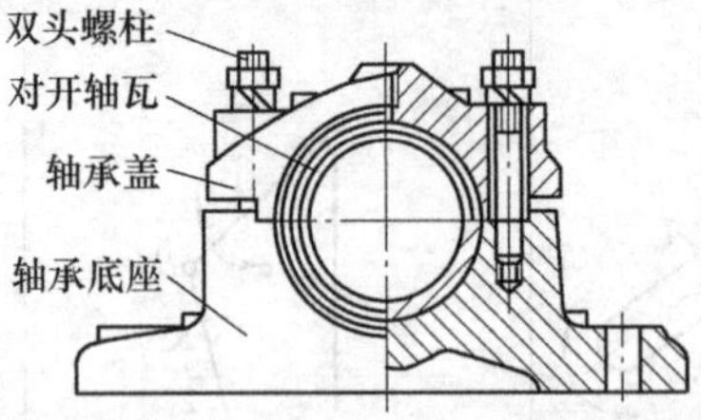 双头螺柱 对开轴瓦 轴承盖 轴承底座	装拆方便，磨损后轴承的径向间隙可以调整，应用较广
	调心式	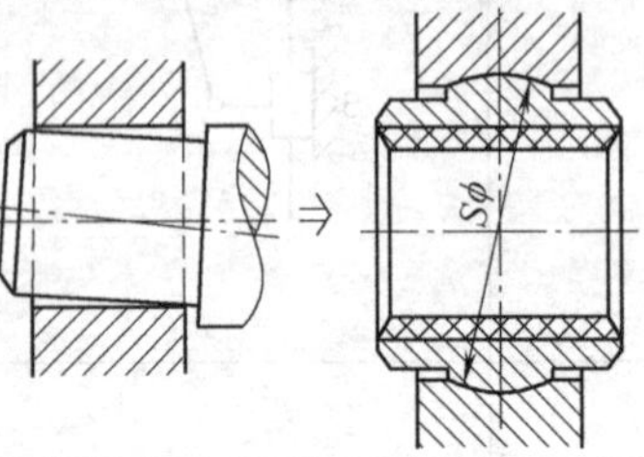 $S\phi$	轴瓦与轴承盖、轴承底座之间为球面接触，轴瓦可以自动调位，以适应轴受力弯曲时轴线产生的倾斜，避免轴与轴承两端局部接触而产生的磨损，但球面不易加工，主要用于轴承宽度与直径之比为 1.5 ~ 1.75 的场合
止推滑动轴承		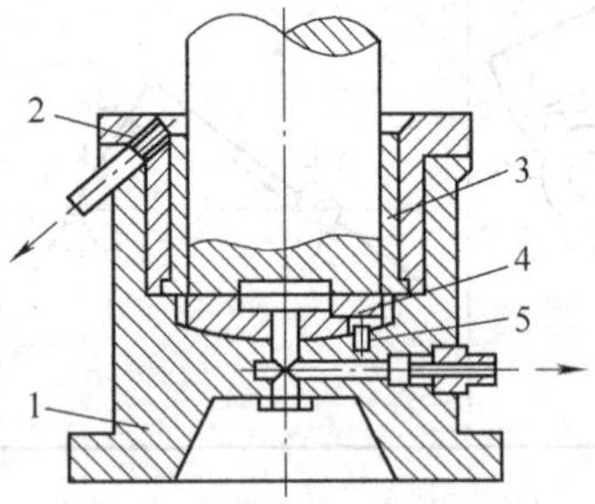 2 3 4 5 1 1—轴承座　2—衬套　3—轴套 4—止推垫圈　5—销钉	用来承受轴向载荷的滑动轴承称为止推滑动轴承，它靠轴的端面或轴肩、轴环的端面向止推轴承支承面传递轴向载荷

6. 滑动轴承的润滑

　　滑动轴承润滑的目的是减少工作表面间的摩擦和磨损，同时起冷却、散热、防锈蚀及减振等作用。合理正确的润滑工作对保证机器的正常运转、延长使用寿命具有重要意义。常用的滑动轴承润滑方式及装置见表 5-8。

表 5-8　常用的滑动轴承润滑方式及装置

润滑方式		装置示意图	说明
间歇润滑	针阀式油杯	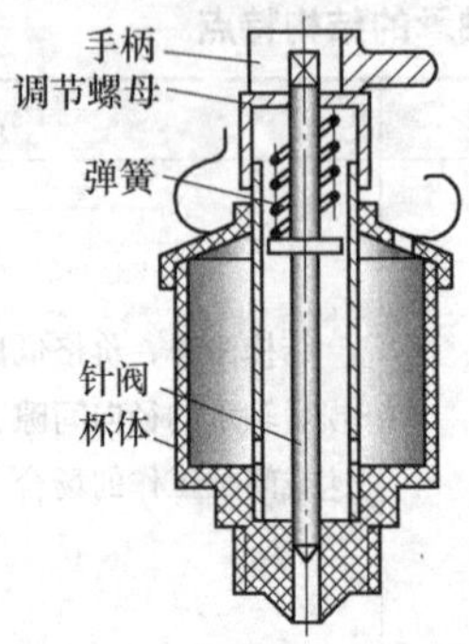 手柄 调节螺母 弹簧 针阀 杯体	用于油润滑。手柄位于垂直位置时，针阀上升，油孔打开供油；手柄位于水平位置时，针阀降回原位，停止供油。转动调节螺母可调节注油量的大小

（续）

润滑方式		装置示意图	说明
间歇润滑	旋套式油杯		用于油润滑。转动旋套，使旋套孔与杯体注油孔对正时可用油壶或油枪注油。不注油时，旋套壁遮挡杯体注油孔，起密封作用
	压配式油杯		用于油润滑或脂润滑。将钢球压下可注油。不注油时，钢球在弹簧的作用下，将杯体注油孔封闭
	旋盖式油杯		用于脂润滑。杯盖与杯体采用螺纹联接，旋合时在杯体和杯盖中都装满润滑脂，定期旋转杯盖压缩润滑脂的体积，可将润滑脂挤入轴承内
连续润滑	芯捻式油杯		用于油润滑。杯体中储存润滑油，靠芯捻的毛细作用实现连续润滑。这种润滑方式注油量较小，适用于轻载及轴颈转速不高的场合
	油环润滑		用于油润滑。油环套在轴颈上并浸入油池，轴旋转时，靠摩擦力带动油环转动，将润滑油带至轴颈处进行润滑。这种润滑方式结构简单，但由于靠摩擦力带动油环甩油，故轴的转速需适当才能充足供油
	压力润滑		用于油润滑。利用油泵将压力润滑油送入轴承进行润滑。这种润滑方式工作可靠，但结构复杂，对轴承的密封性要求高，且费用较高。适用于大型、重载、高速、精密和自动化机械设备

四、任务准备

设备为 THMDZT－1 型机械装调技术综合实训装置，共 10 台。所需工、量具及材料见表 5-9。

表 5-9　所需工、量具及材料

序号	名称	规格	数量	序号	名称	规格	数量
1	内六角扳手	—	10 把	7	橡胶锤	—	10 把
2	活扳手	250mm	10 套	8	纯铜棒	—	10 根
3	钩形扳手	M16、M27	10 把	9	长柄一字槽螺钉旋具	250mm	10 把
4	轴用卡簧钳	直嘴、尖嘴	10 套	10	杠杆百分表	0.8mm	10 套
5	游标卡尺	300mm	10 把	11	游标深度卡尺	200mm	10 把
6	轴承装配套筒	自制	10 个	12	三爪顶拔器	160mm	10 个

五、任务实施

对自动冲压机构进行装配与调整。具体操作步骤如下：

1. 滚动轴承的装配与调整

首先用轴承套筒将 6002 轴承装入轴承室中（在轴承室中涂抹少量润滑脂），转动轴承内圈，轴承应转动灵活，无卡阻现象，然后观察轴承外圈是否安装到位。

2. 曲轴的装配与调整

1）安装轴 2。将透盖用螺钉拧紧，将轴 2 装好，然后再装好轴承的"右传动挡套"。

2）安装曲轴。将轴瓦安装在曲轴下端盖的 U 形槽中，然后装好中轴，盖上轴瓦另一半，将曲轴上端盖装在轴瓦上，将螺钉预紧，用手转动中轴，中轴应转动灵活。

3）将已安装好的曲轴固定在轴 2 上，用 M5 六角头螺钉预紧。

4）安装轴 1。将轴 1 装入轴承中，将已安装好的曲轴的另一端固定在轴 1 上，此时可将曲轴两端的螺钉拧紧，然后将左传动轴压盖固定在轴 1 上，再将左传动轴的闷盖装上，并将螺钉预紧。

5）最后在轴 2 上装键，固定同步带轮，然后转动同步带轮，曲轴应转动灵活，无卡阻现象。

3. 冲压部件的装配与调整

将压头连接体安装在曲轴上。

4. 冲压机构导向部件的装配与调整

1）首先将滑套固定垫块固定在滑块固定板上，然后再将滑套固定板加强肋固定，安装好冲头导向套，螺钉为预紧状态。

2）将冲压机构导向部件安装在自动冲压机构上，转动同步带轮，冲压机构应运转灵活，无卡阻现象，然后将螺钉拧紧，再转动同步带轮，调整到最佳状态，最后在滑动部分加少许润滑油。

六、自我检测

（一）选择题

1. 铰链四杆机构中，各构件之间均以（　　）相连接。

A. 转动副　　　　　　　B. 移动副　　　　　　　C. 螺旋副

2. 在铰链四杆机构中，能相对机架做整周旋转的连架杆为（　　）。

A. 连杆　　　　　　　　B. 摇杆　　　　　　　　C. 曲柄

3. 如图5-8所示，车门启闭机构采用的是（　　）机构。

A. 反向双曲柄　　　　　B. 曲柄摇杆　　　　　　C. 双摇杆

4. 铰链四杆机构中，不与机架直接连接，且做平面运动的杆件称为（　　）。

A. 摇杆　　　　　　　　B. 连架杆　　　　　　　C. 连杆

5. 家用缝纫机踏板机构采用的是（　　）机构。

A. 曲柄摇杆　　　　　　B. 双摇杆　　　　　　　C. 双曲柄

6. 汽车窗刮水器采用的是（　　）机构。

A. 双曲柄　　　　　　　B. 曲柄摇杆　　　　　　C. 双摇杆

7. 平行双曲柄机构中的两个曲柄（　　）。

A. 长度相等，旋转方向相同

B. 长度不等，旋转方向相同

C. 长度相等，旋转方向相反

8. 雷达天线俯仰摆动机构采用的是（　　）机构。

A. 双摇杆　　　　　　　B. 曲柄摇杆　　　　　　C. 双曲柄

9. 如图5-9所示，天平采用的是（　　）机构。

A. 双摇杆　　　　　　　B. 平行双曲柄　　　　　C. 反向双曲柄

图5-8　车门启闭机构

图5-9　天平

10. （　　）为曲柄滑块机构的应用实例。

A. 自卸汽车卸料装置　　B. 手动抽水机　　　　　C. 滚轮送料机

11. 冲压机构采用的是（　　）机构。

A. 移动导杆　　　　　　B. 曲柄滑块　　　　　　C. 摆动导杆

12. 在曲柄滑块机构应用中，往往用一个偏心轮代替（　　）。

A. 滑块　　　　　　　　B. 机架　　　　　　　　C. 曲柄

13. 与滚动轴承相比，滑动轴承的承载能力（   ）。

A. 大　　　　　　　B. 小　　　　　　　C. 相同

14. 径向滑动轴承中，（   ）滑动轴承装拆方便、应用广泛。

A. 整体式　　　　　B. 剖分式　　　　　C. 调心式

15. （   ）润滑一般用于低速、轻载或不重要的轴承中。

A. 滴油　　　　　　B. 油环　　　　　　C. 润滑脂

16. 在闭式传动中，（   ）润滑适用于中速机器中轴承的润滑。

A. 油环　　　　　　B. 压力　　　　　　C. 润滑脂

17. 轴旋转时带动油环转动，把油箱中的油带到轴颈上进行润滑的方法称为（   ）润滑。

A. 滴油　　　　　　B. 油环　　　　　　C. 压力

（二）判断题

1. 平面连杆机构能实现较为复杂的平面运动。　　　　　　　　　　　（　　）
2. 铰链四杆机构中，有一杆必为连杆。　　　　　　　　　　　　　　（　　）
3. 平面连杆机构是用若干构件以高副连接而成的。　　　　　　　　　（　　）
4. 铰链四杆机构中，能绕铰链中心做整周旋转的杆件是摇杆。　　　　（　　）
5. 反向双曲柄机构中的曲柄长度不相等。　　　　　　　　　　　　　（　　）
6. 常把曲柄摇杆机构中的曲柄和连杆称为连架杆。　　　　　　　　　（　　）
7. 曲柄滑块机构常用于内燃机中。　　　　　　　　　　　　　　　　（　　）
8. 将曲柄滑块机构中的滑块改为固定件，则原机构将演化为摆动导杆机构。（　　）
9. 曲柄滑块机构是由曲柄摇杆机构演化而来的。　　　　　　　　　　（　　）
10. 滑动轴承的抗冲击能力比滚动轴承的抗冲击能力强。　　　　　　　（　　）
11. 滑动轴承能获得很高的旋转精度。　　　　　　　　　　　　　　　（　　）
12. 滑动轴承轴瓦上的油沟应开在承载区。　　　　　　　　　　　　　（　　）
13. 轴瓦上的油沟不能开通，以避免润滑油从轴瓦端部大量流失。　　　（　　）
14. 润滑油的压力润滑装置是连接式供油装置，而润滑脂的压力润滑装置是间歇式供油装置。（　　）
15. 滑动轴承工作时的噪声和振动均小于滚动轴承。　　　　　　　　　（　　）

任务六

机械传动机构的装配与调整

学习目标

1. 培养识图能力。
2. 培养对带传动的调节能力。
3. 培养对链传动的调节能力。

一、任务描述

带传动和链传动是日常生产、生活中应用十分广泛的传动形式，如机床、汽车、拖拉机、自行车等都应用了带传动或链传动。图 6-1 所示为带传动的应用实例。随着工业技术水平的不断提高，带传动和链传动的形式正向着多样性、多领域发展。本任务要求通过对机械传动机构的安装与调整，掌握带传动和链传动的装调工艺知识，提高读图能力，并掌握工、量具的使用方法，增强对常见故障的分析、判断和处理能力，从而提高岗位就业能力。

a）跑步机　　　　　　b）粉碎机　　　　　　c）手扶拖拉机

图 6-1　带传动的应用实例

本次工作任务是对 THMDZT—1 型机械装调技术综合实训装置（见图 6-2）的机械传动机构进行安装与调整。

图 6-2 实训装置实物图

1—电动机　2—同步带轮1　3—变速箱　4—同步带轮3　5—二维工作台
6—间歇工作台　7—冲压机构　8—减速器　9—同步带轮2

二、问题引导

问题1：根据工作原理的不同，带传动分为哪几种类型？

问题2：带传动的带速一般取多少合适？带速过快或过慢对带传动有何影响？

问题3：带传动的挠性带为什么需要张紧？有哪几种张紧方法？

问题4：链传动主要由哪几部分组成？

问题5：链传动按用途分为哪几种？

问题6：滚子链的主要参数有哪些？

三、相关知识

1. 带传动的组成与工作原理

（1）带传动的组成　带传动一般由固连于主动轴上的带轮（主动轮）、固连于从动轴上的带轮（从动轮）和紧套在两轮上的挠性带组成，如图6-3所示。

（2）带传动的工作原理　带传动以张紧在至少两个轮上的带作为中间挠性件，靠带与带轮接触面间产生的摩擦力（啮合力）来传递运动和动力。静止时，两边带上的拉力相等。传动时，由于传递载荷的关系，两边带上的拉力会有一定的差值。拉力大的一边称为紧边（主动边），拉力小的一边称为松边（从动边）。如图6-3a所示，当主动轮1按图示方向回转时，上边是松边，下边是紧边。

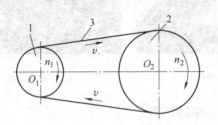

a) 摩擦型带传动

b) 啮合型带传动

图 6-3 带传动的组成

1—带轮（主动轮）　2—带轮（从动轮）　3—挠性带

（3）带传动的传动比 i　机构中的瞬时输入角速度与输出角速度的比值称为机构的传动比。带传动的传动比就是主动轮转速 n_1 与从动轮转速 n_2 之比，通常用 i_{12} 表示，即

$$i_{12} = \frac{n_1}{n_2} \tag{6-1}$$

式中　n_1——主动轮的转速（r/min）；

　　　n_2——从动轮的转速（r/min）。

2. 带传动的类型

根据工作原理的不同，带传动分为摩擦型带传动和啮合型带传动。带传动的类型、特点与应用见表 6-1。

表 6-1　带传动的类型、特点与应用

类型		图标	特点		应用
摩擦型带传动	平带		结构简单，带轮制造方便；平带质轻且挠曲性好	传动过载时存在打滑现象，传动比不准确	常用于高速、中心距较大、平行轴的交叉传动与相错轴的半交叉传动
	V带		承载能力大，是平带的 3 倍，使用寿命较长		一般机械常用 V 带传动
	圆带		结构简单，制造方便，抗拉强度高，耐磨损、耐腐蚀，使用温度范围广，易安装，使用寿命长		常用于包装机、印刷机、纺织机等机器中
啮合型带传动	同步带		传动比准确，传动平稳，传动精度高，结构较复杂		常用于数控机床、纺织机械等传动精度要求较高的场合

在机械传动中，绝大部分带传动属于摩擦型带传动。这里主要介绍摩擦型带传动中应用广泛的 V 带。

3. V 带及带轮

V 带传动是由一条或数条 V 带和 V 带带轮组成的摩擦传动。V 带传动主要有普通 V 带传动、窄 V 带传动和多楔带传动三种形式，其中以普通 V 带传动的应用最为广泛。

（1）V 带　V 带是一种无接头的环形带。其横截面形状为等腰梯形，工作面是与轮槽相接触的两侧面，带与轮槽底面不接触，其结构如图 6-4 所示。V 带有帘布芯结构和绳芯结构两种，分别由包布、顶胶、抗拉体和底胶四部分组成。帘布芯结构的 V 带制造方便，抗拉强度高，价格低廉，应用广泛；绳芯结构的 V 带

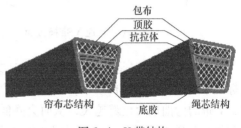

图 6-4　V 带结构

柔韧性好,适用于转速较高的场合。

(2) V带带轮 V带带轮的常用结构有实心式、腹板式、孔板式和轮辐式四种,如图6-5所示。一般而言,基准直径较小时可采用实心式带轮,带轮基准直径大于300mm时可采用轮辐式带轮。

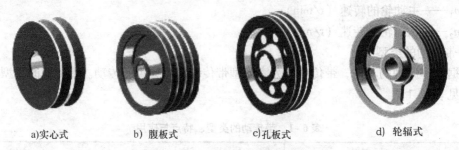

a)实心式   b) 腹板式   c)孔板式   d) 轮辐式

图6-5 V带带轮的常用结构

4. V带传动的主要参数

(1) 普通V带的横截面尺寸 楔角(带的两侧面所夹的锐角)α 为40°、相对高度(h/b_p)近似为0.7的梯形截面环形带称为普通V带。其横截面如图6-6所示。

1) 顶宽 b:V带横截面中梯形轮廓的最大宽度。

2) 节宽 b_p:V带绕带轮弯曲时,其长度和宽度均保持不变的面层称为中性层,中性层的宽度称为节宽。

3) 高度 h:梯形轮廓的高度。

4) 相对高度 h/b_p:带的高度与节宽之比。

普通V带已经标准化,按横截面尺寸由小到大分为Y、Z、A、B、C、D、E七种型号。在相同条件下,横截面尺寸越大,则传递的功率越大。

(2) V带带轮的基准直径 d_d V带带轮的基准直径 d_d 是指带轮上与所配用V带的节宽 b_p 相对应处的直径,如图6-7所示。

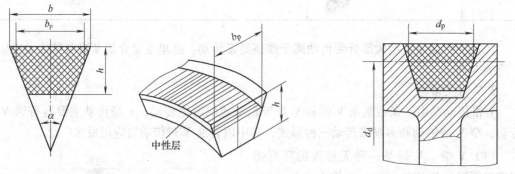

图6-6 普通V带横截面   图6-7 V带带轮的基准直径 d_d

带轮基准直径 d_d 是带传动的主要设计参数之一。d_d 的数值已标准化,应按国家标准选用标准系列数值。在带传动中,带轮基准直径越小,传动时带在带轮上的弯曲变形就会越严重,V带的弯曲应力也就越大,从而会降低带的使用寿命。为了延长传动带的使用寿命,对各型号的普通V带带轮都规定了最小的基准直径 d_{dmin}。

普通 V 带带轮的基准直径 d_d 标准系列值见表 6 - 2。

表 6 - 2　普通 V 带带轮的基准直径 d_d 标准系列值（摘自 GB/T 13575.1—2008）

槽型	Y	Z	A	B	C	D	E
d_{dmin}	20	50	75	125	200	355	500
d_d 标准系列值	20, 22.4, 25, 28, 31.5, 35.5, 40, 45, 50, 56, 63, 71, 75, 80, 85, 90, 95, 100, 106, 112, 118, 125, 132, 140, 150, 160, 170, 180, 200, 212, 224, 236, 250, 265, 280, 300, 315, 335, 355, 375, 400, 425, 450, 475, 500, 530, 560, 600, 630, 670, 710, 750, 800, 900, 1 000, 1 060, 1 120, 1 350, 1 400, 1 500, 1 600, 1 700, 1 800, 2 000, 2 120, 2 240, 2 360, 2 500						

（3）V 带传动的传动比 i　根据带传动的传动比计算公式，对于 V 带传动，如果不考虑带与带轮间打滑因素的影响，那么其传动比计算公式可用主、从动轮的基准直径来表示，即

$$i_{12} = \frac{n_1}{n_2} = \frac{d_{d2}}{d_{d1}} \tag{6-2}$$

式中　d_{d1}——主动轮基准直径（mm）；

　　　d_{d2}——从动轮基准直径（mm）；

　　　n_1——主动轮转速（r/min）；

　　　n_2——从动轮转速（r/min）。

通常，V 带传动的传动比 $i \leqslant 7$，常用 2 ~ 7。

（4）小带轮的包角 α_1　包角是带与带轮接触弧所对应的圆心角，如图 6 - 8 所示。包角的大小反映了带与带轮轮缘表面间接触弧的长短。两带轮中心距越大，小带轮包角 α_1 也越大，带与带轮接触弧也越长，带能传递的功率也就越大；反之，带能传递的功率就越小。为了使带传动可靠，一般要求小带轮的包角 $\alpha_1 \geqslant 120°$。

小带轮包角大小的计算公式为

$$\alpha_1 \approx 180° - \left(\frac{d_{d2} - d_{d1}}{a} \right) \times 57.3° \tag{6-3}$$

（5）中心距 a　中心距是两带轮中心连线的长度，如图 6 - 8 所示。两带轮中心距越大，带的传动能力越高，但中心距过大，又会使整个传动构尺寸过大，不够紧凑，在高速时易使带发生振动，反而使带的传动能力下降。因此，两带轮中心距一般在两个带轮基准直径之和的 0.7 ~ 2 倍范围内。

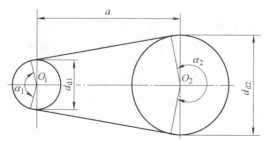

图 6 - 8　带轮的包角

α_1—小带轮包角　α_2—大带轮包角　a—中心距

d_{d1}—小带轮基准直径　d_{d2}—大带轮基准直径

（6）带速 v　带速 v 一般取 $5\sim25\mathrm{m/s}$。带速 v 过快或过慢都不利于带的传动。若带速太快，则在传递功率一定时，所需圆周力增大，会引起带打滑；若带速太慢，则离心力又会使带与带轮间的压紧程度减小，进而使传动能力降低。

（7）V 带的根数 Z　V 带的根数会影响带的传动能力。V 带根数多，传递功率大，所以 V 带传动中所需带的根数应按具体的传递功率大小而定。但为了使各带受力比较均匀，带的根数不宜过多，通常应小于 7。

5. 普通 V 带的标记与应用特点

（1）普通 V 带的标记　普通 V 带的基准长度 L_d 见表 6-3。

表 6-3　普通 V 带的基准长度 L_d（摘自 GB/T 11544—2012）

型号							
Y	Z	A	B	C	D	E
			930			
		630	1000	1565		
		700	1100	1760	2740	
		790	1210	1950	3100	
	406	890	1370	2195	3330	4660
200	475	990	1560	2420	3730	5040
224	530	1100	1760	2715	4080	5420
250	625	1250	1950	2880	4620	6100
280	700	1430	2180	3080	5400	6850
315	780	1550	2300	3520	6100	7650
355	920	1640	2500	4060	6840	9150
400	1080	1750	2700	4600	7620	12230
450	1330	1940	2870	5380	9140	13750
500	1420	2050	3200	6100	10700	15280
	1540	2200	3600	6815	12200	16800
		2300	4060	7600	13700	
		2480	4430	9100	15200	
		2700	4820	10700		
			5370			
			6070			

在规定的张紧力下，沿 V 带中性层量得的周长称为基准长度 L_d，又称为公称长度。它主要用于带传动的几何尺寸计算和 V 带的标记，公称长度已标准化，见表 6-3。

普通 V 带的标记由型号、基准长度和标准编号三部分组成，示例如下：

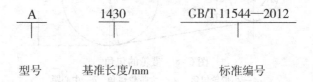

（2）普通 V 带传动的应用特点

1）优点

① 结构简单，制造、安装精度要求不高，使用维护方便，适用于两轴中心距较大的场合。

② 传动平稳，噪声低，有缓冲吸振作用。

③ 过载时，V 带会在带轮上打滑，可以防止薄弱零件的损坏，起安全保护作用。

2）缺点

① 不能保证准确的传动比。

② 外廓尺寸大，传动效率低。

6. V 带传动装置的安装维护及张紧装置

（1）V 带传动装置的安装与维护

1）安装 V 带时，应先缩小中心距后将 V 带套入，再慢慢调整中心距使 V 带达到合适的张紧程度。如图 6-9 所示，若用大拇指能将 V 带按下 15mm 左右，则说明张紧程度合适。

2）安装 V 带带轮时，两带轮的轴线应相互平行，两带轮轮槽的中间平面应重合，其偏角误差应小于 20′，如图 6-10 所示。

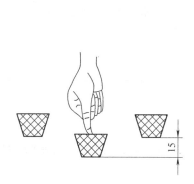

图 6-9　V 带的张紧程度

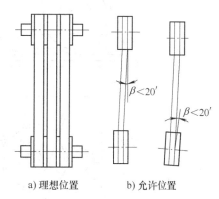

a) 理想位置　　　b) 允许位置

图 6-10　V 带带轮安装位置

3）V 带在轮槽中应有正确的位置。如图 6-11 所示，V 带顶面应与带轮外缘表面平齐或略高出一些，底面与槽底间应有一定间隙，以保证 V 带和轮槽的工作面之间充分接触。若 V 带顶面高出轮槽顶面过多，则工作面的实际接触面积减小，使传动能力降低；若其低于轮槽顶面过多，则会使 V 带底面与轮槽底面接触，从而导致 V 带传动因两侧工作面接触不良而使摩擦力锐减，甚至丧失。

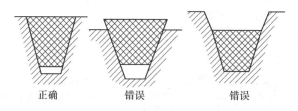

正确　　　　　错误　　　　　错误

图 6-11　V 带在轮槽中的安装位置

4）在使用过程中应定期检查并及时调整，若发现一组带中个别 V 带有疲劳撕裂（裂纹）等现象，则应及时更换所有 V 带。不同类型、不同新旧程度的 V 带不能同组使用。

5）为保证安全生产和 V 带清洁，应给 V 带传动装置加防护装置，这样可以避免 V 带接触酸、碱、油等具有腐蚀作用的介质及因日光暴晒而过早老化，如图 6-12 所示。

（2）V 带传动的张紧装置　在安装带传动装置时，带是以一定的拉力紧套在带轮上的，但经过一段时间运转后，会因塑性变形和磨损而松弛，影响正常工作，因此，需要定期检查与重新张紧，以恢复和保持必需的张紧力，保证带传动具有足够的传动能力。V 带传动常用的张紧方法见表 6-4。

图 6-12　V 带传动防护罩

表 6-4　V 带传动常用的张紧方法

张紧方法	结构简图	应用
调整中心距	电动机　V 带 调节螺钉 滑道 机架	适用于两轴线水平或接近水平的传动
	摆架 小轴 调节螺母	适用于两轴线相对于安装支架垂直或接近垂直的传动
	摆架 小轴	靠电动机及摆架的重力使电动机绕小轴摆动，实现自动张紧
张紧轮	从动轮 张紧轮　主动轮	当两带轮的中心距不能调整（定中心距）时，可采用张紧轮定期将带张紧。张紧轮应置于松边内侧且靠近大带轮处（在带传动装置工作时，进入主动轮一侧的带为紧边，另一侧的带则为松边）

7. 同步带传动

（1）同步带传动的组成和工作原理

1）同步带传动的组成。同步带传动一般是由同步带轮和紧套在两轮上的同步带组成，如图6-13所示。同步带内周有等距的横向齿。

图6-13 同步带传动

2）同步带传动的工作原理。同步带传动是一种啮合传动，兼有带传动和齿轮传动的特点。

同步带传动依靠同步带齿与同步带轮齿之间的啮合实现传动，两者无相对滑动，从而使圆周速度同步（故称为同步带传动）。同步带传动的特点及适用范围见表6-5。

表6-5 同步带传动的特点及适用范围

优点	适用范围	缺点
带与带轮之间无相对滑动，能保证准确的传动比	可实现定传动比传动	制造要求高，安装时对中心距要求严格，价格较高
传动平稳，冲击小	适用于精密传动	
传递功率范围大，最高可达200kW	适用于大至几千瓦，小至几瓦的传动，主要应用于传动比要求准确的中、小功率传动中	
允许的线速度范围大，最高可达80m/s	适用于高速传动	
无须润滑，省油且无污染	适用于许多行业，特别是食品行业	
传动机构比较简单，维修方便，运转费用低		

（2）同步带的类型 同步带有单面带（单面有齿）和双面带（双面有齿）两种类型。双面带又分为对称齿型（DA）和交错齿型（DB）两类，如图6-14所示。同步带齿有梯形齿和弧形齿两种。同步带型号分为最轻型（MXL）、超轻型（XXL）、特轻型（XL）、轻型（L）、重型（H）、特重型（XH）、超重型（XXH）七种。梯形齿同步带传动已有国家标准（GB/T 11361—2008）。

同步带轮的齿形推荐用渐开线齿形。为了防止同步带从带轮上脱落，带轮侧边应装挡圈。

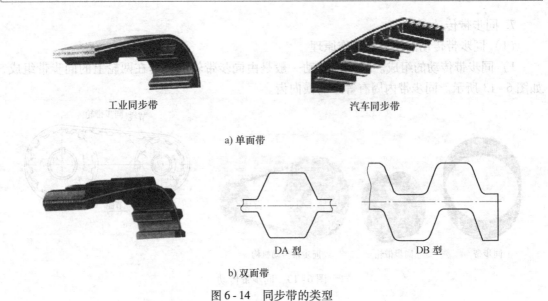

工业同步带 汽车同步带

a) 单面带

DA 型 DB 型

b) 双面带

图 6-14 同步带的类型

（3）同步带的参数 如图 6-15 所示，在规定的张紧力下，相邻两齿中心线的直线距离称为节距，用 P_b 表示。节距是同步带传动最基本的参数。当同步带垂直于其底边弯曲时，在带中保持原长度不变的任意一条周线称为节线，节线常用 L_p 表示。

（4）同步带传动应用举例 同步带传动应用越来越广，不断进入传统的齿轮传动、链传动、摩擦型带传动的应用领域。如今，同步带传动已广泛应用于仪表、仪器、机床、汽车、轻工机械、石油机械等机械传动中。

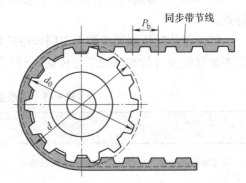

图 6-15 同步带的参数

1）在轻工机械设备上的应用。同步带传动因为具有节能、无润滑油污染、噪声小等优点，所以在轻工机械上得到了广泛使用。例如，纺织机械中大量采用了同步带传动（见图 6-16），印刷、造纸、食品、烟草及医疗机械等也都以同步带传动取代了原有的齿轮传动、链传动或 V 带传动。

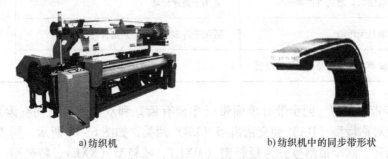

a) 纺织机 b) 纺织机中的同步带形状

图 6-16 同步带传动在纺织机械中的应用

2）在精密机械设备上的应用。同步带传动因为具有精确同步传递运动的特点，所以被广泛用于精密传动的各种设备上。例如，有线文字传真机（见图 6-17）就采用了同步带，取得了良好的效果；其他如录音机、计算机及各种办公自动化机械也都采用了同步带传动。

3）在具有特殊要求的机械中的应用。在一些要求强度高、工作可靠、耐磨性和耐蚀性较好的场合，经常使用同步带传动，如汽车、摩托车、发动机中的传动等。图 6-18 所示为同步带传动在汽车上的应用。

图 6-17　有线文字传真机

图 6-18　同步带传动在汽车上的应用

8. 链传动及其传动比

链传动（见图 6-19）由主动链轮、链条（见图 6-20）、从动链轮组成，链轮上制有特殊齿形的齿（见图 6-21），通过链轮轮齿与链条的啮合来传递运动和动力。

图 6-19　链传动

1—主动链轮　2—链条　3—从动链轮

图 6-20　链条图

图 6-21　链轮

设主动链轮的齿数为 z_1，从动链轮的齿数为 z_2，主动链轮每转过一个齿，链条移动一个链节，从动链轮被链条带动转过一个齿。当主动链轮的转速为 n_1，从动链轮的转速为 n_2 时，单位时间内主动链轮转过的齿数 $z_1 n_1$ 与从动链轮转过的齿数 $z_2 n_2$ 相等，即

$$z_1 n_1 = z_2 n_2 \text{ 或} \frac{n_1}{n_2} = \frac{z_2}{z_1}$$

主动链轮的转速 n_1 与从动链轮的转速 n_2 之比称为链传动的转动比，表达式为

$$i_{12} = \frac{n_1}{n_2} = \frac{z_2}{z_1} \tag{6-4}$$

式中　n_1、n_2——主、从动链轮的转速（r/min）；

z_1、z_2——主、从动链轮的齿数。

9. 链传动的应用特点

链传动的传动比一般小于或等于 8，低速传动时可达 10；两轴中心距 a 可达 5～6m；传动功率 $P \leqslant 100$kW；链条速度 $v \leqslant 15$m/s，高速时可达 20～40m/s。与同属于挠性类（具有中间挠性件）传动的带传动相比，链传动具有以下特点：

（1）优点

1）能保证准确的平均传动比。

2）传动功率大。

3）传动效率高，一般可达 0.95～0.98。

4）可用于两轴中心距较大的场合。

5）能在低速、重载和高温条件下，以及尘土飞扬、淋水、淋油等不良环境中工作。

6）作用在轴和轴承上的力小。

（2）缺点

1）由于链节的多边形运动，造成瞬时传动比是变化的，瞬时链速度不是常数，传动中会产生动载荷和冲击，因此链传动不宜用于要求精密传动的机械上。

2）链条的铰链磨损后，使链条节距变大，传动中链条容易脱落。

3）工作时有噪声。

4）对安装和维护要求较高。

5）无过载保护作用。

10. 传动用短节距精密滚子链（简称滚子链）

链传动的类型很多，按用途分为传动链、输送链和起重链。传动链主要用于一般机械中传递运动和动力，也可用于输送等场合；输送链用于输送工件、物品和材料，可直接用于各种机械上，也可以组成链式输送机作为一个单元出现；起重链主要用于传递力，起牵引、悬挂物体的作用。

下面重点介绍传动链。传动链的种类繁多，最常用的是滚子链。

（1）滚子链的结构　滚子链由内链板、外链板、销轴、套筒、滚子等组成，如图 6-22 所示。销轴与外链板以及套筒与内链板之间分别采用过盈配合固定；而销轴与套筒以及滚子与套筒之间则为间隙配合，以保证链节屈伸时，内链板与外链板之间能相对转动。套筒、滚子与销轴之间也可以自由转动，如图 6-23 所示。滚子装在套筒上，可以自由转动。当链条与链轮啮合时，滚子与链轮轮齿相对滚动，两者之间主要是滚动摩擦，从而减少链条和链轮轮齿的磨损。

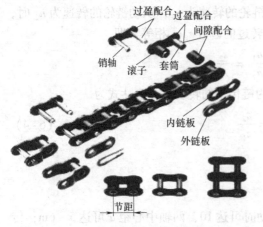

图 6-22　滚子链的结构与组成

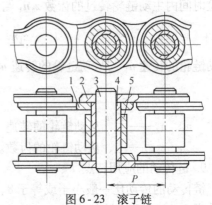

图 6-23　滚子链

1—内链板　2—外链板　3—销轴　4—套筒　5—滚子

（2）滚子链的主要参数

1）节距。链条相邻两销轴中心线之间的距离称为节距，用符号 P 表示，如图 6-23 所以。节距是链的主要参数。链的节距越大，承载能力越强，但链传动的结构尺寸也会相应增大，传动的振动、冲击和噪声也越严重。因此，应用时应尽可能选用小节距的链，高速、功率大时可选用小节距的双排链或多排链。

滚子链的承载能力与排数成正比，但排数越多，各排受力越不均匀，因此排数不能过多，常用双排链（见图 6-24）或三排链（见图 6-25），四排以上的滚子链很少使用。

图 6-24　双排链

图 6-25　三排链

2）节数。滚子链的长度用节数来表示。为了使链条的两端便于连接，链节数应尽量选取偶数，以便连接时正好使内链板和外链板相接。链接头处可用开口销（见图 6-26a）或弹簧夹（图 6-26b）锁定。当链节数为奇数时，链接头需采用过渡链节（见图 6-26c）。过渡链节不仅制造复杂，而且抗拉强度较低，因此尽量不采用。

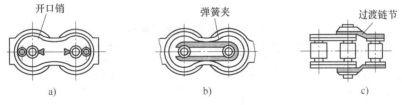

图 6-26　滚子链接头的形式

3）链条速度。链条速度不宜过大，因为链条速度越大，链条与链轮间的冲击力也就越大，会使传动不平稳，同时加速链条和链轮的磨损。一般要求链条速度不大于 15m/s。

4）链轮的齿数。为保证传动平稳，减少冲击和动载荷，小链轮齿数 z_1 不宜过小，一般 z_1 应大于 17。大链轮齿数 z_2 也不宜过多，齿数过多除了增大传动尺寸和质量外，还会出现跳齿和脱链等现象，通常 z_2 应小于 120。

（3）滚子链的标记　滚子链是标准件，其标记为

链号—排数—链节数　标准编号

滚子链标记示例：

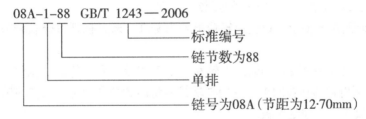

11. 齿形链

齿形链又称为无声链，也属于传动链中的一种形式。它由一组带有齿的内、外链板左右交错排列，用铰链连接而成，如图 6-27 所示。与滚子链相比，其传动平稳性好、传动速度快、噪声较小、承受冲击性能较好，但结构复杂、装拆困难、质量较大、易磨损、成本较高。

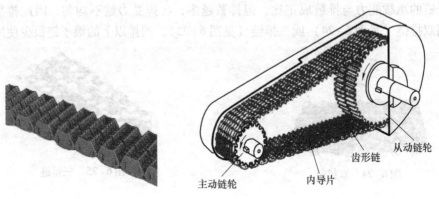

图 6-27　齿形链

四、任务准备

设备为 THMDZT 型机械装调技术综合实训装置，共 10 台。所需工、量具及材料见表 6-6。

表 6-6　所需工、量具及材料

序号	名称	规格	数量	序号	名称	规格	数量
1	内六角扳手	—	10 把	7	橡胶锤	—	10 把
2	活扳手	250mm	10 套	8	纯铜棒	—	10 根
3	钩形扳手	M16、M27	10 把	9	长柄一字槽螺钉旋具	250mm	10 把
4	轴用卡簧钳	直嘴、尖嘴	10 套	10	杠杆百分表	0.8mm	10 套
5	游标卡尺	300mm	10 把	11	游标深度卡尺	200mm	10 把
6	轴承装配套筒	自制	10 个	12	三爪顶拔器	160mm	10 个

五、任务实施

对 THMDZT—1 型机械装调技术综合实训装置的机械传动机构进行调整。具体操作步骤如下：

1. 变速箱与二维工作台传动机构的安装与调整

1）根据总装配图的要求，以变速箱输出轴为基准，通过杠杆百分表调节变速箱与二维工作台的平行度。

2）通过调整垫片调整变速箱输出齿轮和二维工作台输入齿轮的错位量，使其不大于齿轮厚度的 5% 及两齿轮的啮合间隙，并用轴端挡圈将两者分别固定在相应的轴上。

3）拧紧底板螺钉，固定底板。

2. 变速箱与小锥齿轮部分链传动的安装

1）首先用钢直尺，通过调整垫片（铜片）调整两链轮，使其端面共面，然后用轴端挡圈将两链轮固定在相应的轴上。

2）用截链器将链条截到合适长度。

3）移动小锥齿轮底板的前后位置，减小两链轮的中心距，将链条安装好；通过移动小锥齿轮底板的前后位置来调整链条的张紧度。

3. 间歇回转工作台与齿轮减速器的安装

1）首先调节小锥齿轮部分，使两直齿圆柱齿轮正常啮合，然后通过加调整垫片（铜片）调整两直齿圆柱齿轮的错位量，使错位量不大于齿轮厚度的5%。

2）调节齿轮减速器的位置，使两锥齿轮正常啮合，通过加调整垫片调整两锥齿轮的齿侧间隙。

3）拧紧底板螺钉，固定底板。

4. 齿轮减速器与自动冲压机构同步带传动的安装与调整

1）用轴端挡圈分别将同步带轮装在减速器输出端和自动冲压机构的输入端。

2）通过自动冲压机构上的腰形孔调节冲压机构的位置，以减小两齿轮的中心距，然后将同步带装在带轮上。

3）调节自动冲压机构的位置，使同步带张紧，并用钢直尺测量；通过调整垫片调整两同步带轮，使其端面共面，完成减速器与自动冲压机构同步带传动的安装与调节。

4）拧紧底板螺钉，固定底板。

5. 手动试运行

在变速器的输入同步带轮上安装手柄，转动同步带轮，检查各个传动部件是否运行正常。

6. 电动机与变速箱同步带传动的安装与调整

1）将同步带轮1（见图6-2）固定在电动机输出轴上。

2）用轴端挡圈将同步带轮3固定在变速箱的输入轴上。

3）调节同步带轮1在电动机输出轴上的位置，将同步带轮1和同步带轮3调整到同一平面上。

4）通过电动机底座上的腰形孔调节电动机的位置，以减小两带轮的中心距，将同步带装在带轮上。

5）调节电动机的前后位置，将同步带张紧，完成电动机与变速箱带传动的安装与调整。

6）拧紧底板螺钉，固定底板。

六、自我检测

（一）选择题

1. 在一般机械传动中，应用最广的带传动为（　　　）。

A. 平带传动　　　　　　　　B. 普通V带传动　　　　　　C. 同步带传动

2. 普通V带的横截面形状为（　　　）。

A. 矩形　　　　　　　　　　B. 圆形　　　　　　　　　　C. 等腰梯形

3. 按照国家标准，普通 V 带有（　　）种型号。

A. 六 　　　　　　　　　　B. 七 　　　　　　　　　　C. 八

4. 在相同条件下，普通 V 带横截面尺寸（　　），其传递的功率也（　　）。

A. 越小　越大 　　　　　　B. 越大　越小 　　　　　　C. 越大　越大

5. 普通 V 带的楔角 α 为（　　）。

A. 36° 　　　　　　　　　　B. 38° 　　　　　　　　　　C. 40°

6. （　　）结构用于基准直径较小的带轮。

A. 实心式 　　　　　　　　B. 孔板式 　　　　　　　　C. 轮辐式

7. 在 V 带传动中，张紧轮应位于（　　）内侧且靠近（　　）处。

A. 松边　小带轮 　　　　　B. 紧边　大带轮 　　　　　C. 松边　大带轮

8. V 带安装好后，要检查其松紧程度是否合适，一般以大拇指按下（　　）mm 左右为宜。

A. 5 　　　　　　　　　　　B. 15 　　　　　　　　　　C. 20

9. 在 V 带传动中，带的根数是由所传递的（　　）大小确定的。

A. 速度 　　　　　　　　　B. 功率 　　　　　　　　　C. 转速

10. V 带在轮槽中的正确位置是（　　）。

A. 　　　　　　　　　　　　B. 　　　　　　　　　　　　C.

11. 考虑带的使用寿命，要求小带轮基准直径 d_{d1}（　　）国家标准规定的最小值。

A. 不小于 　　　　　　　　B. 不大于 　　　　　　　　C. 等于

12. （　　）是带传动的特点之一。

A. 传动比准确

B. 在过载时会产生打滑现象

C. 应用在传动准确的场合

13. （　　）传动具有传动比准确的特点。

A. 普通 V 带 　　　　　　　B. 窄 V 带 　　　　　　　　C. 同步带

14. 窄 V 带的相对高度值与普通 V 带的相对高度值相比，其数值（　　）。

A. 大 　　　　　　　　　　B. 小 　　　　　　　　　　C. 相同

15. 窄 V 带已用于（　　）且结构要求紧凑的机械传动中。

A. 高速、小功率 　　　　　B. 高速、大功率 　　　　　C. 低速、小功率

16. （　　）主要用于传递力，起牵引、悬挂物品的作用。

A. 传动链 　　　　　　　　B. 输送链 　　　　　　　　C. 起重链

17. 一般链传动的传动比 $i\leqslant$（　　）。

A. 6 　　　　　　　　　　　B. 8 　　　　　　　　　　　C. 10

18. 要求传动平稳性好、传动速度快、噪声较小时，宜选用（　　）。

A. 套筒滚子链 　　　　　　B. 齿形链 　　　　　　　　C. 多排链

19. 要求两轴中心距较大，且在低速、重载和高温等不良环境下工作，宜选用（　　）。

A. 带传动　　　　　　　　　B. 链传动　　　　　　　　　C. 齿轮传动

20. 链的长度用链节数表示，链节数最好取（　　）。

A. 偶数　　　　　　　　　　B. 奇数　　　　　　　　　　C. 任意数

21. 因为链轮具有多边形特点，所以链传动的运动表现为（　　）。

A. 均匀性　　　　　　　　　B. 不均匀性　　　　　　　　C. 间歇性

（二）判断题

1. V 带传动常用于机械传动的高速端。　　　　　　　　　　　　　　　　（　　）

2. 绳芯结构的 V 带柔韧性好，适用于转速较高的场合。　　　　　　　　（　　）

3. 一般情况下，小带轮的轮槽角要小一些，大带轮的轮槽角要大一些。　（　　）

4. 普通 V 带传动的传动比 i 一般都应大于 7。　　　　　　　　　　　　（　　）

5. 为了延长传动带的使用寿命，通常尽可能地将带轮基准直径选得大一些。（　　）

6. 在使用过程中，需要更换 V 带时，不同新旧程度的 V 带可以同组使用。（　　）

7. V 带的张紧程度越紧越好。　　　　　　　　　　　　　　　　　　　　（　　）

8. 在 V 带传动中，带速 v 过大或过小都不利于带的传动。　　　　　　　（　　）

9. 在 V 带传动中，主动轮上的包角一定小于从动轮上的包角。　　　　　（　　）

10. 在 V 带传动中，带的三个表面应与带轮的三个面接触而产生摩擦力。　（　　）

11. V 带传动装置应有防护罩。　　　　　　　　　　　　　　　　　　　　（　　）

12. V 带的根数影响带的传动能力，根数越多，传动功率越小。　　　　　（　　）

13. 窄 V 带型号与普通 V 带型号相同。　　　　　　　　　　　　　　　　（　　）

14. 同步带传动不是依靠摩擦力而是依靠啮合力来传递运动和动力的。　　（　　）

15. 在计算机、数控机床等设备中，通常采用同步带传动。　　　　　　　（　　）

16. 同步带规格已标准化。　　　　　　　　　　　　　　　　　　　　　　（　　）

17. 链传动属于啮合传动，所以瞬时传动比恒定。　　　　　　　　　　　（　　）

18. 当传动功率较大时，可采用多排链的链传动。　　　　　　　　　　　（　　）

19. 欲使链条连接时内链板和外链板正好相接，链节数应取偶数。　　　　（　　）

20. 链传动的承载能力与链排数成反比。　　　　　　　　　　　　　　　　（　　）

21. 齿形链的内、外链板呈左右交错排列。　　　　　　　　　　　　　　　（　　）

22. 与带传动相比，链传动的传动效率较高。　　　　　　　　　　　　　　（　　）

23. 链条的相邻两销轴中心线之间的距离称为节数。　　　　　　　　　　　（　　）

任务七

公差配合与尺寸检测

 学习目标

1. 掌握尺寸公差的有关概念，并能进行相关尺寸的换算。
2. 掌握公差带的概念，能绘制公差带图。
3. 掌握标准公差代号的组成及标注形式。
4. 掌握基本偏差的概念，能看懂基本偏差系列图。
5. 掌握配合的定义和配合代号的组成。
6. 掌握配合的种类，能根据公差带图分析配合的性质。
7. 掌握计算最大（最小）间隙（过盈）的方法。
8. 能熟练使用常用的量具对零件进行检测。

 任务描述

要保证零件间具有互换性，应使互相配合的零件的尺寸有一定的精确程度。但在制造零件的过程中，由于机床精度、刀具磨损、测量误差等因素的影响，零件的尺寸实际上不可能达到一个绝对理想的固定数值。为了保证互换性，必须将零件加工误差限制在一定的范围内。在组装设备之前，必须对零部件进行检测，零件合格即可进行下一工序，否则为废品。

本任务掌握尺寸公差的相关知识，并能熟练使用常用量具检测零件，为今后的设备安装和检修工作打下良好的基础。

子任务一 尺寸公差与检测

 学习目标

1. 掌握公称尺寸、极限尺寸、极限偏差、尺寸公差的概念。
2. 能进行公称尺寸、极限尺寸、极限偏差、尺寸公差之间的换算，并能判定零件的合格性。
3. 了解孔、轴的概念。
4. 能熟练使用游标卡尺对零件进行检测。

一、任务描述

圆柱体结合通常指孔与轴的结合，是机器中最广泛采用的一种结合形式。为使加工后的孔与轴能满足互换性要求，必须在设计中采用极限与配合标准。圆柱结合的极限与配合标准是最早建立的标准，也是最基本的标准，是机械制造中的基础标准。

子任务一就是使用游标卡尺对轴套（见图7-2）各尺寸进行检测，判断其合格性。本次任务要求掌握尺寸公差的相关知识，并熟练使用游标卡尺对零件进行检测。

二、问题引导

问题1：说出图7-1a和图7-2所示尺寸标注有什么不同？

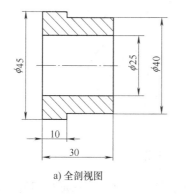

a) 全剖视图

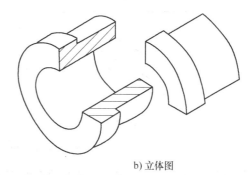

b) 立体图

图7-1　轴套

问题2：什么是公称尺寸？图7-2中哪些尺寸为公称尺寸？

问题3：什么是实际尺寸？图7-2中$\phi 40$mm实际加工为$\phi 40.03$mm，$\phi 45$mm实际加工为$\phi 45.15$mm，那么这个零件是否合格？

问题4：分析$\phi 45^{+0.087}_{+0.025}$这个尺寸及后缀的含义。

问题5：计算图7-2中轴套各尺寸公差、极限尺寸值和极限偏差值。

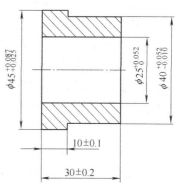

图7-2　轴套的尺寸公差

三、相关知识

1. 有关尺寸的术语和定义

（1）孔和轴　一般情况下，孔和轴是指圆柱形的内、外表面，而在极限与配合的相关标准中，孔和轴的定义更为广泛。

1）孔的定义。孔通常指零件的圆柱形内表面，如图7-2所示轴套中的$\phi 25$mm圆柱孔；也包括非圆柱形内表面（由两平行平面或切面形成的包容面），如图7-3所示的方孔和槽。

2）轴的定义。轴通常指工件的圆柱形外表面，如图7-2所示轴套的$\phi 40$mm圆柱面；也包括非圆柱形外表面（由两平行平面或切面形成的被包容面），如图7-4所示键的外表面、方塞的外表面等。

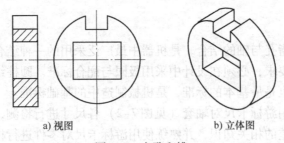

a) 视图　　　　　　　　b) 立体图

图 7-3　方孔和槽

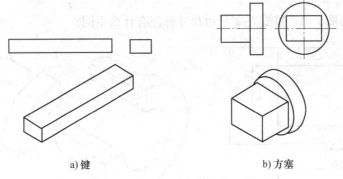

a) 键　　　　　　　　b) 方塞

图 7-4　非圆柱形的尺寸要素

其中包容与被包容是相对零件的装配关系而言的，即在零件装配后形成包容与被包容的关系。包容面统称为孔，被包容面统称为轴。

（2）公称尺寸（D、d）　尺寸是以特定单位表示线性尺寸值的数值。尺寸表示长度的大小，由数字和长度单位组成。

公称尺寸是由国标规范确定的理想形状要素的尺寸，孔用 D，轴用 d 表示。通过它应用上、下极限偏差可算出极限尺寸。公称尺寸是根据使用要求，通过计算并结合结构方面的考虑，或根据试验和经验而确定的，一般应按标准尺寸选取，以减少定值刀具、量具和夹具的规格数量。图 7-2 中的直径尺寸 $\phi 45\text{mm}$、$\phi 25\text{mm}$、$\phi 40\text{mm}$，长度尺寸 10mm 和 30mm，都是公称尺寸。

（3）实际尺寸（D_a、d_a）　实际尺寸是通过测量获得的某一孔或轴的尺寸。

（4）极限尺寸（D_{up}、D_{low}、d_{up}、d_{low}）　极限尺寸是一个孔或轴允许的尺寸变动的两个极限值。孔或轴允许的上极限尺寸（D_{up}、d_{up}）和孔或轴允许的下极限尺寸（D_{low}、d_{low}）如图 7-5 所示。

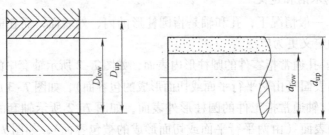

图 7-5　极限尺寸

零件加工后的实际尺寸应介于两极限尺寸之间，也可等于极限尺寸，既不允许大于上极限尺寸，也不允许小于下极限尺寸，否则零件尺寸就不合格。

特别提示：需要注意的是，零件尺寸合格与否取决于实际尺寸是否在极限尺寸所确定的范围内，而与公称尺寸无直接关系。

（5）最大实体尺寸　它是对应于孔或轴最大实体尺寸的那个极限尺寸，即孔的下极限尺寸（D_{low}）和轴的上极限尺寸（d_{up}）。最大实体尺寸是孔或轴具有允许的材料量为最多时的极限尺寸。

（6）最小实体尺寸　它是对应于孔或轴最小实体尺寸的那个极限尺寸，即孔的上极限尺寸（D_{up}）和轴的下极限尺寸（d_{low}）。最小实体尺寸是孔或轴具有允许的材料量为最少时的极限尺寸。

2. 有关偏差、公差的术语和定义

（1）偏差　某一尺寸减去其公称尺寸所得的代数差称为尺寸偏差（简称偏差）。偏差可能为正或负，也可为零。

（2）实际偏差　实际尺寸减去其公称尺寸所得的代数差称为实际偏差。

（3）极限偏差　极限尺寸减去其公称尺寸所得的代数差称为极限偏差。极限偏差分为上极限偏差和下极限偏差，如图7-6所示。

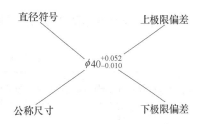

1）上极限偏差：上极限尺寸减去其公称尺寸所得的代数差。孔的上极限偏差用 ES 表示，轴的上极限偏差用 es 表示。

2）下极限偏差：下极限尺寸减去其公称尺寸所得的代数差。孔的下极限偏差用 EI 表示；轴的下偏差用 ei 表示。极限偏差可用下列公式表示：

图7-6　尺寸公差的标准形式

$$ES = D_{up} - D \qquad es = d_{up} - d \qquad (7-1)$$
$$EI = D_{low} - D \qquad ei = d_{low} - d \qquad (7-2)$$

国家标准规定，在图样上和技术文件上标注极限偏差数值时，偏差值除零外，前面必须标有正号或负号。上极限偏差总是大于下极限偏差。标注示例：$\phi 50^{+0.034}_{+0.009}$、$\phi 50^{-0.009}_{-0.020}$、$\phi 30^{0}_{-0.007}$、$\phi 30^{+0.011}_{0}$、$\phi 40^{+0.052}_{-0.010}$、$\phi 80 \pm 0.015$。

图7-6中，尺寸 $\phi 40$mm 的上极限尺寸为

$d_{up} = d + es = 40$mm + （+0.052）mm = 40.052mm

图7-6中，尺寸 $\phi 40$mm 的下极限尺寸为

$d_{low} = d + ei = 40$mm + （-0.010）mm = 39.990mm

（4）尺寸公差（T_h、T_s）　尺寸公差是指上极限尺寸减下极限尺寸之差，或上极限偏差减下极限偏差之差。它是允许尺寸的变动量。公差是用以限制误差的。零件的尺寸误差在公差范围内即为合格；反之，则不合格，如图7-7所示。

孔公差用 T_h 表示，轴公差用 T_s 表示。公差、极限尺寸和极限偏差的关系为

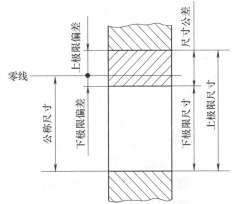

图7-7　尺寸、偏差与公差

$$孔公差 \quad T_h = |D_{up} - D_{low}| = |ES - EI| \qquad (7-3)$$

$$轴公差 \quad T_s = |d_{up} - d_{low}| = |es - ei| \qquad (7-4)$$

需要注意的是公差与偏差是有区别的：偏差是代数值，有正负号，也可能为零；公差是绝对值，没有正负之分，且不能为零。

图 7-6 中，尺寸 $\phi40$mm 的公差为

$$T_s = |es - ei| = |(+0.052\text{mm}) - (-0.010\text{mm})| = 0.062\text{mm}$$

图 7-2 中，尺寸 "30 ± 0.2" 的后缀为 "± 0.2"，它表示尺寸 30mm 的上极限偏差为 $+0.2$mm，下极限偏差为 -0.2mm。

四、任务准备

检测零件：图 7-2 所示轴套，共 10 件。

检测量具：300mm 游标卡尺，共 10 把。

五、任务实施

用游标卡尺检测图 7-2 所示轴套各尺寸，将测量结果填入表 7-1 并判断零件是否合格。

表 7-1　轴套的测定尺寸及尺寸合格性判断

序号	标注尺寸	测得尺寸1	测得尺寸2	测得尺寸3	测得尺寸平均值	上极限尺寸	下极限尺寸	尺寸合格性
1	$\phi40^{+0.052}_{-0.010}$							
2	$\phi45^{+0.087}_{+0.025}$							
3	$\phi25^{+0.052}_{0}$							
4	10 ± 0.1							
5	30 ± 0.2							

1. 用游标卡尺测量轴套的方法和步骤

（1）测量 $\phi25^{+0.052}_{0}$ 尺寸

1）卡爪张开的尺寸应小于零件的尺寸，然后拉动游标靠近零件内表面。

2）作用在游标上的推力要适中。

3）量爪应过零件中心。

（2）测量 $\phi40^{+0.052}_{-0.010}$ 尺寸

1）卡爪张开的尺寸应大于工件的尺寸，然后推动游标靠近零件外表面。

2）量爪应过零件中心。

（3）测量 $\phi45^{+0.087}_{0.025}$ 尺寸

1）卡爪张开的尺寸应大于零件的尺寸，然后推动游标靠近零件外表面。

2）量爪应过零件中心。

（4）测量尺寸 30 ± 0.2 和 10 ± 0.1　测量时，零件应摆正，让量爪与被测表面充分接触。

2. 测量时的注意事项

1）测量时，游标卡尺的量爪位置要摆正。

2）保持合适的测量力。

3）读数时，视线应与尺身表面垂直，避免产生视觉误差。

4）合拢游标卡尺的量爪时，量爪间若漏光严重，则需进行处理。若游标零线与尺身零线不对齐，则会存在零位偏移，需进行调整。调整或维修游标卡尺是专用维修人员的工作，使用者不得自行拆卸和调整。

六、自我检测

（一）填空

1. 零件装配后，其结合处形成包容与被包容的关系，凡（　　）统称为孔，（　　）统称为轴。

2. 尺寸由（　　）和（　　）两部分组成，如 70 ± 0.09。

3. 以加工形成的结果区分孔和轴，在切削过程中尺寸由大变小的为（　　），尺寸由小变大的为（　　）。

4. 尺寸偏差可分为（　　）和（　　）。

5. 极限偏差又分为（　　）偏差和（　　）偏差。

（二）判断题

1. 零件在加工过程中的误差是不可避免的。（　　）

2. 具有互换性的零件应该是形状和尺寸完全相同的零件。（　　）

3. 某尺寸的上极限偏差一定大于下极限偏差。（　　）

4. 零件的实际尺寸位于所给定的两个极限尺寸之间，则零件的尺寸为合格。（　　）

5. 合格尺寸的实际偏差一定在两极限偏差（即上极限偏差与下极限偏差）之间。（　　）

6. 某一零件的实际尺寸正好等于其公称尺寸，则该尺寸必然合格。（　　）

7. 尺寸公差是允许尺寸的变动量，它没有正负含义，且不能为零。（　　）

（三）选择题

1. 当上极限偏差或下极限偏差为零值时，在图样上（　　）。

A. 必须标出零值　　　　　　　　B. 不用标出零值

C. 标与不标零值皆可　　　　　　D. 视具体情况而定

2. 最小极限尺寸减去其公称尺寸所得的代数差为（　　）。

A. 上极限偏差　　B. 下极限偏差　　C. 基本偏差　　　D. 实际偏差

3. 极限偏差是（　　）。

A. 设计时确定的　　　　　　　　B. 加工后测量得到的

C. 实际尺寸减去公称尺寸的代数差　　D. 最大极限尺寸与最小极限尺寸之差

4. 某尺寸的实际偏差为零，则实际尺寸（　　）。

A. 必定合格　　　　　　　　　　B. 为零件的真实尺寸

C. 等于公称尺寸　　　　　　　　D. 等于最小极限尺寸

5. 实际偏差是（　　）。

A. 设计时给定的　　　　　　　　B. 直接测量得到的

C. 通过测量、计算得到的　　　　D. 最大极限尺寸与最小极限尺寸之差

子任务二 公差代号与尺寸检测

学习目标

1. 掌握公差带的概念，能绘制公差带图。
2. 掌握标准公差代号的组成。
3. 掌握基本偏差的概念，能看懂基本偏差系列图。
4. 能熟练使用千分尺，并能对零件进行检测。

一、任务描述

在生产实践中，为了实现零件的互换性，应尽可能减少零件、定值刀具、量具以及工艺装备的品种和规格。国家标准对尺寸公差值及数量作了必要的限制，并用代号来表示。

本任务是使用千分尺对连接轴（见图 7 - 22）的各尺寸进行检测，即判断其合格性。本任务要求掌握标准公差代号的组成等相关知识，以及千分尺的结构原理及读数方法，并能熟练使用千分尺检测零件是否合格。

二、问题引导

问题1：什么是公差带？什么是公差带图？

问题2：画公差带图时，采用什么样的比例？

问题3：绘制 $\phi45^{+0.087}_{+0.025}$、$\phi40^{+0.052}_{-0.010}$、$\phi25^{+0.052}_{0}$ 的公差带图。

问题4：什么是基本偏差？举例说明。

问题5：一个完整的尺寸公差代号由哪几部分组成？

问题6：分别查出 $\phi25d6$、$\phi45n7$、$\phi160F5$ 和 $\phi240H8$ 的极限偏差。

问题7：读出图 7 - 8 所示千分尺显示的数值。

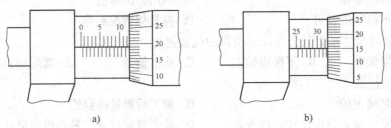

图 7 - 8 千分尺读数

三、相关知识

1. 公差带

在公差带图解中，由代表上极限偏差和下极限偏差或上极限尺寸和下极限尺寸的两条直线所限定的一个区域，称为公差带。公差带由公差大小和其相对零线位置的基本偏差来确定，如图7-9所示。用图所表示的公差带称为公差带图。由于公称尺寸数值与公差及偏差数值相差悬殊，不便用同一比例表示，为了表示方便，以零线表示公称尺寸。

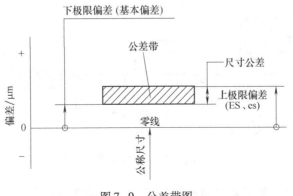

图7-9　公差带图

零线为确定极限偏差的一条基准线，是偏差的起始线。零线上方表示正偏差，零线下方表示负偏差。在画公差带图时，应注上相应的符号"0""＋"和"－"，并在零线下方画上带单箭头的尺寸线，标上公称尺寸。

画公差带图时，公差带沿零线方向的长度可根据需要适当选取，在垂直零线的宽度方向，一般可用200∶1或500∶1的比例绘图，偏差较小的也可以用1000∶1。

上、下极限偏差之间的宽度表示公差带的大小，即公差值。公差带图中，尺寸单位为毫米（mm），单位省略不写。偏差及公差的单位也可以用微米（μm）表示。

2. 标准公差

国家标准规定的公差数值表中所列的用以确定公差带大小的任一公差带称为标准公差。标准公差的公差等级分为20级，用符号IT和阿拉伯数字组成的代号表示，分别为IT01、IT0、IT1、IT2、…、IT18。数字越小，公差等级越高。其中IT01精度最高，其余依次降低，IT18精度最低。同一公称尺寸的标准公差值依次增大，即IT01公差值最小，IT18公差值最大。其关系如图7-10所示。

图7-10　标准公差的精度和标准公差值与公差等级的关系

公差等级越高，零件的精度越高，使用性能也越高，但加工难度大，生产成本高；公差等级越低，零件精度越低，使用性能越低，但加工难度减小，生产成本降低。因而要同时考虑零件的使用要求和加工经济性能，合理确定公差等级。

3. 基本偏差

用以确定公差带相对于零线位置的那个偏差称为基本偏差。一般以公差带靠近零线的那个偏差作为基本偏差。当公差带位于零线的上方时，其下极限偏差为基本偏差；当公差带位于零线的下方时，其上极限偏差为基本偏差，如图7-11所示。

虽然基本偏差既可以是上极限偏差，也可以是下极限偏差，但是对一个尺寸公差带只能规定其中一个为基本偏差。

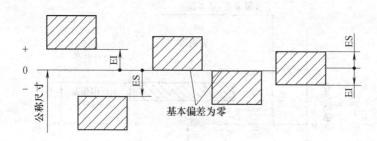

图 7-11 基本偏差

国家标准规定，孔、轴的基本偏差各有 28 种，如图 7-12 所示。基本偏差用字母表示，孔的基本偏差用大写字母表示，轴的基本偏差用小写字母表示。

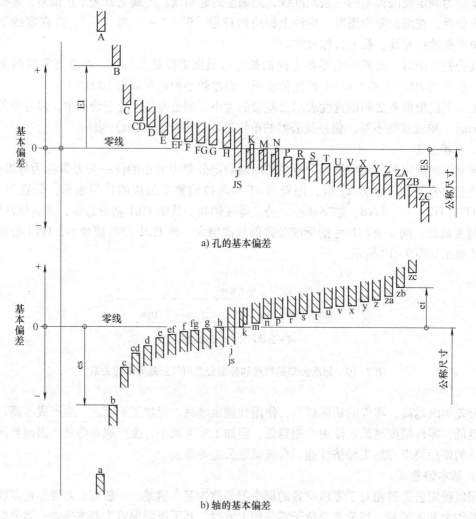

a) 孔的基本偏差

b) 轴的基本偏差

图 7-12 孔和轴的基本偏差

4. 公差代号

（1）公差带代号　有些零件图中，有的尺寸在公称尺寸的后面标有字母和数字，如 $\phi45h7$、$\phi40f6$、$\phi10H8$、$\phi16M8$ 等。这些在公称尺寸后面标注的字母和数字为公差代号，它表示的也是极限偏差值，与标注上、下极限偏差的作用是一样的。

国家标准规定，一个完整的尺寸公差代号是由公称尺寸、基本偏差代号和公差等级组成的，如图 7-13 所示。

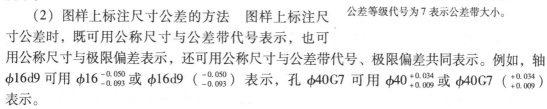

图 7-13　尺寸公差代号组成示意图

注：基本偏差代号表示公差带的位置；
公差等级代号为 7 表示公差带大小。

（2）图样上标注尺寸公差的方法　图样上标注尺寸公差时，既可用公称尺寸与公差带代号表示，也可用公称尺寸与极限偏差表示，还可用公称尺寸与公差带代号、极限偏差共同表示。例如，轴 $\phi16d9$ 可用 $\phi16^{-0.050}_{-0.093}$ 或 $\phi16d9\left(^{-0.050}_{-0.093}\right)$ 表示，孔 $\phi40G7$ 可用 $\phi40^{+0.034}_{+0.009}$ 或 $\phi40G7\left(^{+0.034}_{+0.009}\right)$ 表示。

（3）孔、轴极限偏差数值的确定 GB/T 1800.1—2009《产品几何技术规范（GPS）　极限与配合　第 1 部分：公差、偏差和配合的基础》标准中列出了轴的极限偏差（见附表 A）和孔的极限偏差表（见附表 B）。利用查表的方法，能很快地确定孔和轴的极限偏差数值。

5. 千分尺

（1）外径千分尺的结构　外径千分尺的结构如图 7-14 所示。其尺架上装有砧座和锁紧装置，固定套管与尺架结合成一体，测微螺杆与微分筒和测力装置结合在一起。当旋转测力装置时，微分筒和测微螺杆一起旋转，并利用螺纹传动副沿轴向移动，使砧座、测微螺杆分别与测量面之间的距离发生变化。

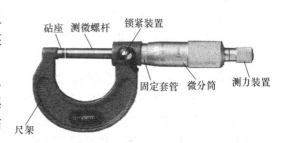

图 7-14　外径千分尺的结构

千分尺测微螺杆的移动量一般为 25mm，少数大型千分尺也有制成 100mm 的。

（2）外径千分尺的读数原理和读数方法

1）外径千分尺的读数原理。在外径千分尺的固定套管上刻有轴向中线，作为微分筒读数的基准线。在中线的两侧刻有两排刻度线，每排刻度线的间距为 1mm，上下两排相互错开 0.5mm。测微螺杆的螺距为 0.5mm，微分筒的外圆周上刻有 50 等分的刻度。当微分筒旋转一周时，微分螺杆轴向移动 0.5mm。若微分筒只转动一格，则螺杆的轴向移动 0.5/50 = 0.01mm，因而 0.01mm 就是外径千分尺的分度值。

2）外径千分尺的读数方法

① 从微分筒的边缘向左看固定套管上距微分筒边缘最近的刻度线，从固定套管中线上侧的刻度读出整数，从中线下侧的刻度读出 0.5mm 的小数。

② 从微分筒上找到与固定套管中线对齐的刻线，将此刻线数乘以 0.01mm 就是小于 0.5mm 的小数部分的读数。

③ 把以上两部分读数相加即为测量值。

例 读出图 7-15 所示外径千分尺的读数。

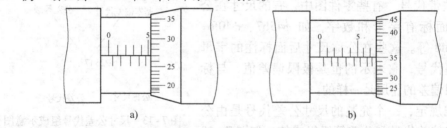

图 7-15 外径千分尺读数示例

解 从图 7-15a 中可以看出，距微分筒最近的刻度线为 5mm，而微分筒上的数值为"27"的刻度线对准中线，所以外径千分尺的读数为 5mm + 0.01mm × 27 = 5.27mm。

从图 7-15b 中可以看出，距微分筒最近处的刻度线为中线下侧的刻度线，表示 0.5mm 的小数，中线上侧距离微分筒最近的为 7mm 刻度线，表示整数，微分筒上数值为"35"的刻度线对准中线，所以外径千分尺的读数为 7mm + 0.5mm + 0.01mm × 35 = 7.85mm。

3）使用外径千分尺时的注意事项

① 测量之前，转动外径千分尺测力装置的棘轮，使两个测量面合拢，检查测量面间是否密合，同时观察微分筒上的零线与固定套管的中线是否对齐，若有零位偏差，则可送检修部门调整，或在读数时加上修正值。

② 测量时，外径千分尺测微螺杆的轴线应垂直于零件被测表面。先用手转动外径千分尺的微分筒，待测微螺杆的测量面接近零件被测表面时，再转动测力装置上的棘轮，使测微螺杆的测量面接触零件表面，听到 2 声或 3 声"咔咔"声后即停止转动，此时已得到合适的测量力，可读取数值。不可用手猛力转动微分筒，以免使测量力过大而影响测量精度，严重时还会损坏螺纹传动副。

③ 读数时最好不从零件上取下外径千分尺，当需要取下读数时，应先锁紧测微螺杆，然后再轻轻取下，以防止尺寸变动产生测量误差。

④ 读数要细心，看清刻度，特别要注意分清整数部分和 0.5mm 的刻度线。

4）外径千分尺的特点。外径千分尺使用方便，读数准确，其测量精度比游标卡尺高，在生产中使用广泛。常用外径千分尺的规格按测量范围划分：在 500mm 以内一般 25mm 为一挡，如 0～25mm，25～50mm 等；500～1000mm 多以 100mm 为一挡，如 500～600mm，600～700mm 等。

（3）其他类型的千分尺简介

1）内测千分尺。如图 7-16 所示，内测千分尺用来测量孔径等内部尺寸，有 5～30mm 和 25～50mm 两种测量范围。其固定套筒上的刻度线与外径千分尺刻度线方向相反，但读数方法与外径千分尺相同。

2）内径千分尺。如图 7-17 所示，内径千分尺测头有三个可伸缩的测爪，由于三爪有三点与孔壁接触，故测量比较准确，其刻度线和内部结构与内测千分尺基本相同。

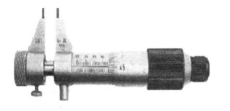

图 7 - 16　内测千分尺

图 7 - 17　内径千分尺

3）深度千分尺。如图 7 - 18 所示，其主要结构与外径千分尺相似，只是多了一个基座而没有尺架。深度千分尺主要用于测量孔和沟槽的深度及两平面间的距离。在测微螺杆的下面连接着可换测量杆。测量杆有四种尺寸，测量范围分别为 0 ~ 25mm，25 ~ 50mm，50 ~ 75mm，75 ~ 100mm。

4）公法线千分尺。如图 7 - 19 所示，公法线千分尺用于测量齿轮的公法线长度，两个测砧的测量面做成两个相互平行的圆平面。测量前先把公法线千分尺调到比被测尺寸略大，然后把测头插到齿轮齿槽中进行测量，即可得到公法线的实际长度。

图 7 - 18　深度千分尺

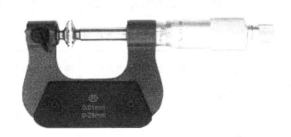

图 7 - 19　公法线千分尺

5）壁厚千分尺。如图 7 - 20 所示，壁厚千分尺主要用来测量带孔零件的壁厚，前端做成杆状球头测砧，以便伸入孔内并使测砧与孔的内壁贴合。

6）深弓千分尺。如图 7 - 21 所示，深弓千分尺也称为板厚千分尺，主要用来测量距端面较远处的厚度，其尺身的弓深较深。

图 7 - 20　壁厚千分尺

图 7 - 21　深弓千分尺

四、任务准备

检测零件：图 7-22 所示连接轴，共 10 件。

检测量具：测量范围分别为 0~25mm，25~50mm 的外径千分尺，各 10 把。

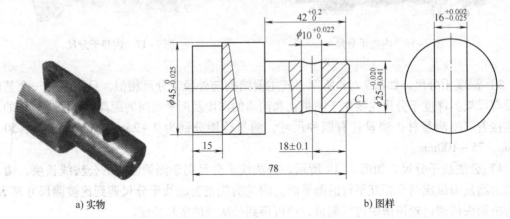

a) 实物　　　　　　　　　　　　　　　　b) 图样

图 7-22　连接轴

五、任务实施

用千分尺检测图 7-22 所示连接轴的各尺寸，将检测结果填入表 7-2 并判断各尺寸是否合格。

表 7-2　连接轴的测定尺寸及尺寸合格性判断

序号	被测尺寸	测得尺寸 1	测得尺寸 2	测得尺寸 3	测得尺寸平均值	上极限尺寸	下极限尺寸	尺寸合格性
1	$\phi 45_{-0.025}^{0}$							
2	$\phi 25_{-0.041}^{-0.020}$							
3	$\phi 10_{0}^{+0.022}$							
4	$16_{-0.025}^{+0.002}$							

1. 用千分尺测量连接轴的方法和步骤

1）测量 $\phi 45_{-0.025}^{0}$ 时，选用 25~50mm 外径千分尺，测量该尺寸可采用双手测量法。

双手测量法：左手握外径千分尺，右手转动微分筒，使测微螺杆靠近零件，然后用右手转动测力装置，保持恒定的测量力，测量时，必须保证测微螺杆的轴心线与零件的轴心线相交，且与零件的轴心线垂直。该方法适用于较大零件或较大尺寸的测量。

2）测量 $\phi 25_{-0.041}^{-0.020}$ 时，由于该尺寸的基本偏差为负值，因此应该选用 0~25mm 的外径千分尺测量，可采用单手测量法。

单手测量法：左手拿零件，右手握千分尺，并同时转动微分筒。此方法适用于较小零件或较小尺寸的测量。测量时，施加在微分筒上的转矩要适当。

3）测量 $\phi 10_{0}^{+0.022}$ 时，应该选用 0~25mm 的内径千分尺。测量时，内径千分尺在孔中不能歪斜，以保证测量结果准确。

4）测量 $16_{-0.025}^{+0.002}$ 时，应该选用 0~25mm 的内径千分尺。测量时，注意要将内径千分尺摆正，以测量的最小值作为槽的宽度。

2. 测量注意事项

1）千分尺是一种精密量具，只适用于精度较高零件的测量。不能用千分尺测量精度较低的零件，严禁测量表面粗糙的毛坯零件。

2）测量前，必须把千分尺及零件的测量面擦拭干净。

3）测量时，测微螺杆要缓慢接触零件，直至棘轮发出 2 声或 3 声"咔咔"的响声后，方可进行读数。

4）单手测量时，旋转力要适当。

5）读取千分尺的数值时，应尽量在零件上直接读取，但要使视线与刻度线表面保持垂直。当需要离开零件读数时，必须锁紧测微螺杆。

6）不能将千分尺与工具或零件混放。

7）使用完毕，应将千分尺擦净，放置在专用盒内。若长时间不用，则应涂油保存，以防生锈。

8）千分尺应定期送交计量部门进行计量和保养，严禁擅自拆卸。

六、自我检测

（一）填空

1. 尺寸公差带的两个要素分别是（　　）和（　　）。

2. 在公差带图中，表示公称尺寸的一条直线称为零线。在此线以上的偏差为（　　），在此线以下的偏差为（　　）。

3. 标准设置了 20 个标准公差等级，其中（　　）级精度最高，（　　）级精度最低。

4. 用以确定公差带相对于零线位置的上极限偏差或下极限偏差叫（　　）。此偏差一般为靠近（　　）的那个极限偏差。

5. 孔和轴各有（　　）个基本代号。孔和轴同字母的基本偏差相对零线基本呈（　　）分布。

6. （　　）确定公差带的位置，（　　）确定公差带的大小。

7. 孔、轴公差带代号由（　　）代号与（　　）数字组成。

（二）读数

读出图 7-23 所表示的被测尺寸数值。

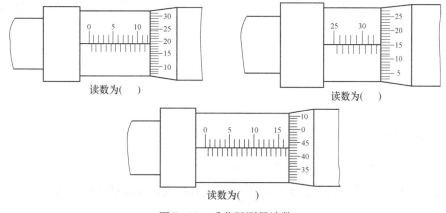

图 7-23　千分尺测量读数

子任务三　配合代号及选用

学习目标

1. 掌握配合的定义和配合代号的组成。
2. 掌握配合的种类，能根据公差带图分析配合性质。
3. 掌握计算最大（最小）间隙（过盈）的方法。
4. 了解配合制及公差带与配合的选用。

一、任务描述

在机械设备中，经常能遇到轴与孔的结合。如图 7 - 24 所示为三种不同结构的滑动轴承，它们的工作性质是完全不同的。图 7 - 24a 所示滑动轴承工作时，轴和轴承座之间相对转动，所以轴和孔之间要有一定的间隙。从结构上看，图 7 - 24a 所示轴承没有装轴瓦，图 7 - 24b 和图 7 - 24c 所示轴承都装有轴瓦。在轴瓦的固定方式上，图 7 - 24b 所示轴承依靠轴瓦与轴承座孔之间的紧密结合固定，图 7 - 24c 所示轴承采用骑缝紧定螺钉固定。从使用要求上来看，图 7 - 24b 与图 7 - 24c 所示轴承的轴瓦与轴承座之间不能产生相对转动，否则注油孔会堵塞，影响润滑。

在现实生产、生活中，类似的结构有很多。本任务要求掌握配合及配合代号的相关知识及计算，对维修工作打下良好的基础。

本任务是绘制图 7 - 24 所示滑动轴承三种配合的公差带图，分析配合性质并计算极限间隙或极限过盈及配合公差。

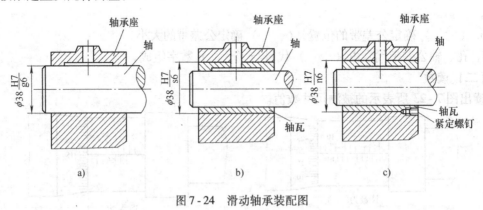

图 7 - 24　滑动轴承装配图

二、问题引导

问题 1：什么是配合？配合分为哪三大类？

问题 2：判断下列各组配合的类型，并计算配合的极限间隙或极限过盈及配合公差（需画出孔和轴的公差带图）。

1）孔为 $\phi60^{+0.030}_{0}$，轴为 $\phi60^{-0.010}_{-0.029}$。

2）孔为 $\phi90^{+0.035}_{0}$，轴为 $\phi90^{+0.113}_{+0.091}$。

3）孔为 $\phi70^{+0.030}_{0}$，轴为 $\phi70^{+0.030}_{+0.010}$。

问题3：对于配合制，为什么在一般情况下应优先采用基孔制？

问题4：分析图7-24，说出各部分采用什么样的配合制？

三、相关知识

1. 有关配合的术语及定义

（1）配合　公称尺寸相同且相互结合的孔和轴公差带之间的关系称为配合。根据孔和轴公差带之间的不同关系，配合可分为间隙配合、过盈配合和过渡配合三大类。

（2）间隙或过盈　孔的尺寸减去相配合的轴的尺寸为正时是间隙，一般用 X 表示，其数值前应标 "＋"；孔的尺寸减去相配合的轴的尺寸为负时是过盈，一般用 Y 表示，过盈数值前应标注 "－"。

（3）间隙配合　具有间隙（包括最小间隙等于零的）的配合称为间隙配合。此时，孔的公差带在轴的公差带之上，如图7-25所示。间隙配合的性质用最大间隙 X_{max} 和最小间隙 X_{min} 表示，即

$$X_{max} = D_{up} - d_{low} = ES - ei \qquad (7-5)$$

$$X_{min} = D_{low} - d_{up} = EI - es \qquad (7-6)$$

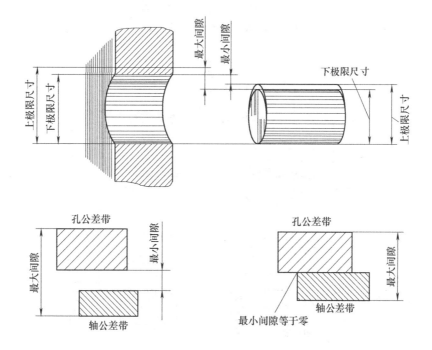

图7-25　间隙配合的孔、轴公差带

例 7-1 $\phi 25^{+0.021}_{\ 0}$ 孔与 $\phi 25^{-0.020}_{-0.033}$ 轴相配合，试判断配合类型。若为间隙配合，试计算其极限间隙。

解 由图 7-26 可以看出，该组孔、轴为间隙配合。由式（7-5）和式（7-6）得

$$X_{\max} = D_{up} - d_{low} = ES - ei = +0.021\,\text{mm} - (-0.033)\,\text{mm} = 0.054\,\text{mm}$$

$$X_{\min} = D_{low} - d_{up} = EI - es = 0\,\text{mm} - (-0.020)\,\text{mm} = 0.020\,\text{mm}$$

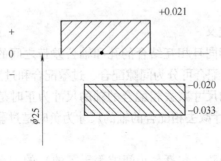

图 7-26 间隙配合示例

（4）过盈配合 具有过盈（包括最小过盈等于零）的配合称为过盈配合。此时，孔的公差带在轴的公差带之下，如图 7-27 所示。过盈配合的性质用最大过盈 $Y_{\max}$ 和最小过盈 $Y_{\min}$ 表示，即

$$Y_{\min} = D_{up} - d_{low} = ES - ei \qquad (7-7)$$

$$Y_{\max} = D_{low} - d_{up} = EI - es \qquad (7-8)$$

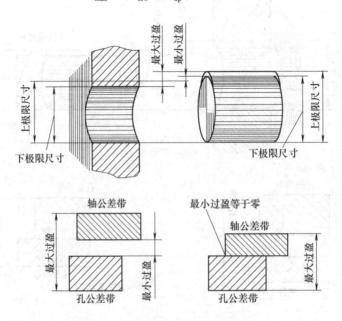

图 7-27 过盈配合的孔、轴公差带

例7-2 $\phi 32^{+0.025}_{0}$孔与$\phi 32^{+0.042}_{+0.026}$轴相配合，试判断配合类型，并计算其极限间隙或极限过盈。

解 作孔、轴的公差带图（见图7-28），由公差带图可见，该组孔、轴为过盈配合。由式（7-7）和式（7-8）得

$$Y_{\min} = D_{up} - d_{low} = \text{ES} - \text{ei} = (+0.025)\text{mm} - (+0.026)\text{mm} = -0.001\text{mm}$$

$$Y_{\max} = D_{low} - d_{u}\text{p} = \text{EI} - \text{es} = 0\text{mm} - (+0.042)\text{mm} = -0.042\text{mm}$$

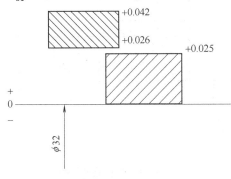

图7-28 过盈配合示例

（5）过渡配合 既可能具有间隙也可能出现过盈的配合称为过渡配合。此时，孔的公差带与轴的公差带相互交叠，如图7-29所示。它是介于间隙配合和过盈配合之间的一类配合，但其间隙或过盈都不大。过渡配合的性质用最大间隙$X_{\max}$和最大过盈$Y_{\max}$表示，即

$$X_{\max} = D_{up} - d_{low} = \text{ES} - \text{ei} \tag{7-9}$$

$$Y_{\max} = D_{low} - d_{up} = \text{EI} - \text{es} \tag{7-10}$$

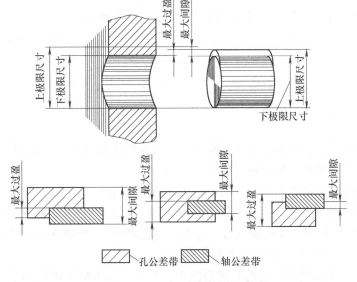

图7-29 过渡配合的孔、轴公差带

例 7-3 $\phi 50^{+0.025}_{0}$ 孔与 $\phi 50^{+0.018}_{+0.002}$ 轴相配合，试判断配合类型，并计算其极限间隙或极限过盈。

解 作孔、轴公差带图（见图 7-30），由公差带图可见，该组孔、轴为过渡配合。由式（7-9）和式（7-10）得

$$X_{\max} = D_{\mathrm{up}} - d_{\mathrm{low}} = ES - ei = +0.025\mathrm{mm} - (+0.002)\mathrm{mm} = +0.023\mathrm{mm}$$

$$Y_{\max} = D_{\mathrm{low}} - d_{\mathrm{up}} = EI - es = 0\mathrm{mm} - (+0.018)\mathrm{mm} = -0.018\mathrm{mm}$$

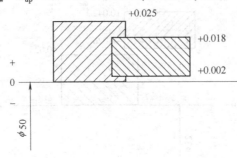

图 7-30　过渡配合示例

（6）配合公差（T_{f}）　配合公差为允许间隙或过盈的变动量，是一个没有符号的绝对值，用 T_{f} 表示。

配合公差越大，则配合后的松紧程度越大，即配合的一致性差，配合的精度低。反之，配合公差越小，配合的松紧程度也越小，即配合的一致性好，配合精度高。

对于间隙配合，配合公差等于最大间隙与最小间隙之差；对于过盈配合，配合公差等于最小过盈与最大过盈之差；对于过渡配合，配合公差等于最大间隙与最大过盈之差。

配合公差等于组成配合的孔和轴的公差之和，见式（7-11）、式（7-12）和式（7-13）。配合精度的高低是由相配合的孔和轴的精度决定的。配合精度要求越高，孔和轴的精度要求也越高，加工成本就会越高。反之，配合精度要求越低，孔和轴的加工成本越低。

$$对于间隙配合 \quad T_{\mathrm{f}} = T_{\mathrm{h}} + T_{\mathrm{s}} = |X_{\max} - X_{\min}| \quad (7-11)$$

$$对于过盈配合 \quad T_{\mathrm{f}} = T_{\mathrm{h}} + T_{\mathrm{s}} = |Y_{\min} - Y_{\max}| \quad (7-12)$$

$$对于过渡配合 \quad T_{\mathrm{f}} = T_{\mathrm{h}} + T_{\mathrm{s}} = |X_{\max} - Y_{\max}| \quad (7-13)$$

2. 配合制

为了降低制造成本，将相配合孔、轴的一个公差带位置固定，改变另一个公差带位置，以实现所需各种配合类型的配合制度称为基准制。

国家标准规定有两种基准制，分别是基孔制与基轴制。

（1）基孔制　基本偏差一定的孔的公差带，与不同基本偏差的轴的公差带形成各种配合的一种制度称为基孔制。基孔制的孔为基准孔（标准孔）。标准规定基准孔的下极限偏差为零，上极限偏差为正值，如图 7-31 所示。

（2）基轴制　基本偏差一定的轴的公差带，与不同基本偏差的孔的公差带形成各种配合的一种制度称为基轴制。基轴制的轴为基准轴（标准轴）。标准规定基准轴的上极限偏差

为零，下极限偏差为负值，如图7-32所示。

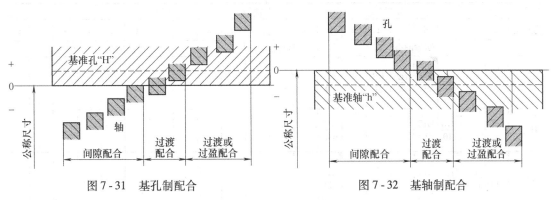

图7-31　基孔制配合　　　　　　　　　图7-32　基轴制配合

（3）混合制　在实际生产中，根据需求有时也采用非基准孔和非基准轴相配合，这种没有基准件的配合称为混合配合。

（4）配合代号　国家标准规定，配合代号用孔和轴公差带代号的组合表示，写成分数形式，分子为孔的公差带代号，分母为轴的公差带代号，如H8/f7或$\dfrac{H8}{f7}$。在图样上标注时，配合代号标注在公称尺寸之后，如ϕ50H8/f7或ϕ50$\dfrac{H8}{f7}$。其含义是：公称尺寸为ϕ50mm，孔的公差带代号为H8，轴的公差带代号为f7，为基孔制间隙配合。

（5）常用和优先配合　从理论上讲，任意一个孔公差带和任意一个轴公差带都能组成配合，即使是常用孔、轴公差带的任意组合也可形成2000多种配合。这么庞大的配合数量远远超出了实际生产的需求。为此，国家标准根据我国的生产实际需求，参照国家标准标注，对配合数量进行了限制。国家标准在公称尺寸至500mm范围内，对基孔制规定了59种常用配合，对基轴制规定了47种常用配合。这些配合分别由轴、孔的常用公差带和基准孔、基准轴的公差带组合而成。在常用配合中又对基孔制、基轴制各规定了13种优先配合。优先配合分别由轴、孔的优先公差带与基准孔和基准轴的公差带组合而成。基孔制、基轴制的优先和常用配合分别见表7-3和表7-4。

表7-3　基孔制优先、常用配合

基准孔	轴																				
	a	b	c	d	e	f	g	h	js	k	m	n	p	r	s	t	u	v	x	y	z
	间隙配合								过渡配合				过盈配合								
H6					$\dfrac{H6}{f5}$	$\dfrac{H6}{g5}$	$\dfrac{H6}{h5}$	$\dfrac{H6}{js5}$	$\dfrac{H6}{k5}$	$\dfrac{H6}{m5}$	$\dfrac{H6}{n5}$	$\dfrac{H6}{p5}$	$\dfrac{H6}{r5}$	$\dfrac{H6}{s5}$	$\dfrac{H6}{t5}$					
H7					$\dfrac{H7}{f6}$	$\dfrac{H7}{g6}$	$\dfrac{H7}{h6}$	$\dfrac{H7}{js6}$	$\dfrac{H7}{k6}$	$\dfrac{H7}{m6}$	$\dfrac{H7}{n6}$	$\dfrac{H7}{p6}$	$\dfrac{H7}{r6}$	$\dfrac{H7}{s6}$	$\dfrac{H7}{t6}$	$\dfrac{H7}{u6}$	$\dfrac{H7}{v6}$	$\dfrac{H7}{x6}$	$\dfrac{H7}{y6}$	$\dfrac{H7}{z6}$
H8				$\dfrac{H8}{e7}$	$\dfrac{H8}{f7}$	$\dfrac{H8}{g7}$	$\dfrac{H8}{h7}$	$\dfrac{H8}{js7}$	$\dfrac{H8}{k7}$	$\dfrac{H8}{m7}$	$\dfrac{H8}{n7}$	$\dfrac{H8}{p7}$	$\dfrac{H8}{r7}$	$\dfrac{H8}{s7}$	$\dfrac{H8}{t7}$	$\dfrac{H8}{u7}$				
			$\dfrac{H8}{d8}$	$\dfrac{H8}{e8}$	$\dfrac{H8}{f8}$		$\dfrac{H8}{h8}$													

（续）

基准孔	轴																				
	a	b	c	d	e	f	g	h	js	k	m	n	p	r	s	t	u	v	x	y	z
	间隙配合								过渡配合				过盈配合								
H9			$\dfrac{H9}{c9}$	$\dfrac{H9}{d9}$	$\dfrac{H9}{e9}$	$\dfrac{H9}{f9}$		$\dfrac{H9}{h9}$													
H10			$\dfrac{H10}{c10}$	$\dfrac{H10}{d10}$				$\dfrac{H10}{h10}$													
H11	$\dfrac{H11}{a11}$	$\dfrac{H11}{b11}$	$\dfrac{H11}{c11}$	$\dfrac{H11}{d11}$				$\dfrac{H11}{h11}$													
H12		$\dfrac{H12}{b12}$						$\dfrac{H12}{h12}$													

注1：$\dfrac{H6}{n5}$，$\dfrac{H7}{p6}$公称尺寸小于或等于3mm和$\dfrac{H8}{r7}$小于或等于100mm时，为过渡配合。

2：标注▼的配合为优先配合。

表 7-4　基轴制优先、常用配合

基准轴	孔																				
	A	B	C	D	E	F	G	H	JS	K	M	N	P	R	S	T	U	V	X	Y	Z
	间隙配合								过渡配合				过盈配合								
h5						$\dfrac{F6}{h5}$	$\dfrac{G6}{h5}$	$\dfrac{H6}{h5}$	$\dfrac{JS6}{h5}$	$\dfrac{K6}{h5}$	$\dfrac{M6}{h5}$	$\dfrac{N6}{h5}$	$\dfrac{P6}{h5}$	$\dfrac{R6}{h5}$	$\dfrac{S6}{h5}$	$\dfrac{T6}{h5}$					
h6						$\dfrac{F7}{h6}$	$\dfrac{G7}{h6}$	$\dfrac{H7}{h6}$	$\dfrac{JS7}{h6}$	$\dfrac{K7}{h6}$	$\dfrac{M7}{h6}$	$\dfrac{N7}{h6}$	$\dfrac{P7}{h6}$	$\dfrac{R7}{h6}$	$\dfrac{S7}{h6}$	$\dfrac{T7}{h6}$	$\dfrac{U7}{h6}$				
h7					$\dfrac{E8}{h7}$	$\dfrac{F8}{h7}$		$\dfrac{H8}{h7}$	$\dfrac{JS8}{h7}$	$\dfrac{K8}{h7}$	$\dfrac{M8}{h7}$	$\dfrac{N8}{h7}$									
h8				$\dfrac{D8}{h8}$	$\dfrac{E8}{h8}$	$\dfrac{F8}{h8}$		$\dfrac{H8}{h8}$													
h9				$\dfrac{D9}{h9}$	$\dfrac{E9}{h9}$	$\dfrac{F9}{h9}$		$\dfrac{H9}{h9}$													
h10				$\dfrac{D10}{h10}$				$\dfrac{H10}{h10}$													
h11	$\dfrac{A11}{h11}$	$\dfrac{B11}{h11}$	$\dfrac{C11}{h11}$	$\dfrac{D11}{h11}$				$\dfrac{H11}{h11}$													
h12		$\dfrac{B12}{h12}$						$\dfrac{H12}{h12}$													

注：标注▼的配合为优先配合。

3. 公差带与配合的选用

在机械制造中，合理地选用公差带与配合是非常重要的，它对提高产品的性能、质量，以及降低制造成本都有重大的作用。公差带与配合的选用就是公差等级、配合制和配合种类的选择。在实际工作中，三者是有机联系的，因此往往是同时进行的。

（1）公差等级的选用　选择公差等级时要正确处理机器零件的使用性能和制造工艺及成本之间的关系。一般来说公差等级高，零件使用性能好，但零件加工困难，生产成本高。反之，公差等级低，零件加工容易，生产成本低，但零件使用性能较差。因此，选择公差等级时要综合考虑使用性能和经济性能，总的选择原则是：在满足使用要求的条件下，尽量选取低的公差等级。

公差等级的选用一般情况下采用类比的方法，即参考实践证明是合理的典型产品的公差等级，结合待定零件的配合、工艺和结构等特点，经分析对比后确定公差等级。用类比法选择公差等级时，应掌握各公差等级的应用范围，以便类比选择时有所依据。

表7-5列出了各公差等级的应用范围，表7-6列出了各公差等级的应用实例，表7-7列出了各种加工方法与公差等级的关系。

表7-5　公差等级的应用范围

应用	公差等级 IT																		
	01	0	1	2	3	4	5	6	7	8	9	10	11	12	13	14	15	16	17	18
量块	—	—	—																	
量规			—	—	—	—	—	—	—											
特别精密的配合				—	—	—	—													
一般配合							—	—	—	—	—	—	—							
非配合尺寸														—	—	—	—	—	—	—
原材料尺寸									—	—	—	—	—							

表7-6　公差等级的主要应用实例

公差等级	主要应用实例
IT01、IT0、IT1	一般用于精密标准量块，IT1 也用于检验 IT6 和 IT7 级轴用量块的校对量块
IT2、TI3、IT4、IT5、IT6、IT7	用于检验零件 IT05 ~ IT6 的量块的尺寸公差
IT3、TI4、IT5（孔为 IT6）	用于精度要求很高的重要配合，如机床主轴与精密滚动轴承的配合、发动机活塞销与连杆孔和活塞孔的配合 配合公差很小，对加工精度要求很高，应用较少
IT6（孔为 IT7）	用于机床、发动机和仪表中重要的配合，如机床传动机构中的齿轮与轴的配合，轴与轴承的配合，发动机中活塞与气缸、曲轴与轴承、气阀杆与导套的配合等 配合公差较小，一般精密加工能够实现，在精密机械中广泛应用

（续）

公差等级	主要应用实例
IT7、IT8	用于机床和发动机中不太重要的配合，也用于重型机械、农业机械、纺织机械、机车车辆等的重要配合。例如机车上操纵杆的支承配合、发动机中活塞环与活塞环槽的配合、农业机械中齿轮与轴的配合等 配合公差中等，加工易于实现，在一般机械中广泛应用
IT9、IT10	用于一般要求或长度精度要求较高的配合。某些非配合尺寸的特殊要求，如飞机机身的外壳尺寸，由于质量限制，要求达到IT9或IT10
IT11、IT12	多用于各种没有严格要求，只要求便于连接的配合，如螺栓和螺孔、铆钉和孔等配合
IT12、IT13、IT14、IT15、IT16、IT17、IT18	用于非配合尺寸和粗加工的工序尺寸，如手柄的直径、壳体的外形和壁厚尺寸，以及端面之间的距离等

表7-7　各种加工方法与公差等级的关系

加工方法	各种加工方法与公差等级的关系																	
	01	0	1	2	3	4	5	6	7	8	9	10	11	12	13	14	15	16
研磨	—	—	—	—	—	—	—											
珩磨						—	—	—										
圆磨							—	—	—	—								
平磨							—	—	—	—								
金刚石车							—	—	—									
金刚石镗							—	—	—									
拉削							—	—	—	—								
铰孔								—	—	—	—	—						
车									—	—	—	—	—					
镗									—	—	—	—	—					
铣										—	—	—	—					
刨、插												—	—					
钻孔												—	—	—	—			
液压、挤压																		
冲压												—	—	—	—	—		
压铸													—	—	—	—		
粉末冶金成型								—	—	—								
粉末冶金烧结									—	—	—	—						
砂型铸造、气割																		—
锻造																—		

（2）配合制和配合种类的选用

1）配合制的选用。配合制的选用原则如下：

① 一般情况下，应优先选用基孔制。中、小尺寸段的孔精加工一般采用铰刀、拉刀等定尺寸刀具，检验也多采用塞规等定尺寸量具，而轴的精加工不存在这类问题。因此，采用基孔制可大大减少定尺寸刀具和量具的品种，有利于刀具和量具的生产和储备，从而降低成本。

在某些情况下也可采用基轴制，如将冷拔圆棒料用作精度要求不高的轴，由于这种棒料外圆的尺寸、形状相当准确，表面光洁，因此外圆不需加工就能满足配合要求，这时采用基轴制在技术上、经济上都是合理的。

② 与标准件配合时，配合制的选择通常依标准而定，如滚动轴承内圈与轴的配合采用基孔制，而滚动轴承外圈与孔的配合采用基轴制，如图7-33所示。

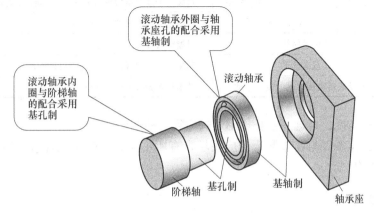

图7-33　与滚动轴承配合的基准制选择

③ 为了满足配合的特殊要求，允许采用混合配合。如当机器上出现一个非基准孔（轴）和两个以上的轴（孔）要求组成不同性质的配合时，其中肯定至少有一个为混合配合。例如，图7-34所示轴承座孔与轴承外径和端盖的配合，轴承外径与座孔的配合按规定为基轴制过渡配合，因而轴承座孔为非基准孔，而轴承座孔与端盖凸缘之间应是较低精度的间隙配合，此时凸缘公差带必须置于轴承座孔公差带的下方，因而端盖凸缘为非基准轴，所以轴承座孔与端盖凸缘的配合为混合配合。

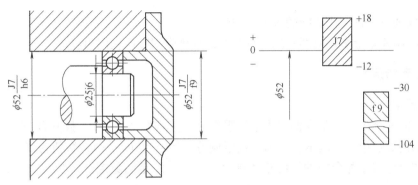

图7-34　混合配合应用示例

2）配合种类的选用。选用配合种类时在一般情况下采用类比法，即与经过生产和使用验证后的某种配合进行比较，然后确定其配合种类。

采用类比法选择配合时，首先应了解该配合部位在机器中的作用、使用要求及工作条件，还应该掌握国家标准中各种基本偏差的特点，了解各种常用和优先配合的特征及应用场合，熟悉一些典型的配合实例。

采用类比法选用配合种类的步骤是：

① 首先根据使用要求确定配合的类别，即确定是间隙配合、过盈配合，还是过渡配合。配合种类选择的基本原则见表 7-8。

表 7-8　配合种类选择的基本原则

无相对运动	要传递转矩	要精确同轴	永久结合	过盈配合
			可拆结合	过渡配合或基本偏差为 H（h）的间隙配合加紧固件
		无须精确同轴		间隙配合加紧固件
	不传递转矩			过渡配合或小过盈配合
有相对运动	只有移动			基本偏差为 H（h）、G（g）的间隙配合
	转动或转动和移动的复合运动			基本偏差为 A～F（a～f）的间隙配合

② 确定了种类后，再进一步类比确定选用哪一种配合。

③ 当实际工作条件与典型配合的应用场合有所不同时，应对配合做适当的调整，最后确定选用哪种配合。

四、任务实施

1）图 7-24 所示滑动轴承装配图中，查表并计算 $\phi38\frac{H7}{g6}$、$\phi38\frac{H7}{s6}$、$\phi38\frac{H7}{n6}$ 的孔和轴的尺寸公差。

2）绘制 $\phi38\frac{H7}{g6}$、$\phi38\frac{H7}{s6}$、$\phi38\frac{H7}{n6}$ 的公差带图，分析配合性质并计算极限间隙或极限过盈及配合公差。

五、考核要点

1）能根据附录查出孔、轴的极限偏差值。

2）能绘制公差带图，能判断配合种类并计算极限间隙或极限过盈。

六、自我检测

（一）填空

1. 基孔制配合中，其基本偏差为下极限偏差，代号为（　　），数值为（　　）。

2. 基轴制配合中，其基本偏差为上极限偏差，代号为（　　），数值为（　　）。

3. 孔的尺寸与相配合的轴的尺寸之差为（　　）时是间隙配合，为（　　）时是过盈配合。

4. 国家标准对孔和轴公差带之间的相互关系规定了两种基准制度，即（　　）

和( )。

 5. 基孔制配合中的孔称为 ( )，其公差带在零线以 ( )。

 6. 基轴制配合中的轴称为 ( )，其公差带在零线以 ( )。

（二）判断题

 1. 相互配合的孔和轴，其公称尺寸必然相同。   ( )

 2. 凡在配合中出现间隙的配合一定属于间隙配合。   ( )

 3. 无论公差数值是否相等，只要公差等级相同，尺寸的精度就都相同。 ( )

 4. 在尺寸公差带图中，根据孔公差带和轴公差带的相对位置关系可以确定孔、轴的配合种类。   ( )

 5. 代号为 H 和 h 的基本偏差数值都等于零。   ( )

 6. 选用公差带时，应按常用、优先、一般公差带的顺序选取。   ( )

 7. 基孔制或基轴制间隙配合中，孔公差带一定在零线以上，轴公差带一定在零线以下。   ( )

 8. 公差带代号由基本偏差代号和公差等级数字组成。   ( )

（三）选择题

 1. 尺寸公差带图的零线表示 ( )。

 A. 上极限尺寸   B. 下极限尺寸   C. 公称尺寸   D. 实际尺寸

 2. 当孔的上极限尺寸与轴的下极限尺寸的代数差为正值时，此代数差称为 ( )。

 A. 最大间隙   B. 最小间隙   C. 最大过盈   D. 最小过盈

 3. 当孔的下极限尺寸与轴的上极限尺寸的代数差为负值时，此代数差称为 ( )。

 A. 最大间隙   B. 最小间隙   C. 最大过盈   D. 最小过盈

 4. 当孔的下极限偏差大于相配合的轴的上极限偏差时，此配合性质是 ( )。

 A. 间隙配合   B. 过渡配合   C. 过盈配合   D. 无法确定

 5. 确定不在同一尺寸段的两尺寸的精确程度时根据 ( )。

 A. 两个尺寸公差数值的大小   B. 两个尺寸的基本偏差

 C. 两个尺寸的公差等级   D. 两个尺寸的实际偏差

 6. 当孔的上极限偏差大于相配合的轴的下极限偏差时，此配合性质是 ( )。

 A. 间隙配合   B. 过渡配合   C. 过盈配合   D. 无法确定

（四）计算题

 1. 图 7-35 所示为一组配合的孔、轴公差带图，试回答下列问题。

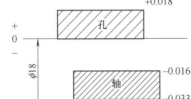

图 7-35 一组配合的孔、轴公差带图（一）

 （1）孔、轴的公称尺寸是多少？

（2）孔、轴的基本偏差是多少？

2. 根据图 7-35 判断配合性质，并计算极限过盈或极限间隙及配合公差。

3. 图 7-36 所示为一组配合的孔、轴公差带图，试回答下列问题。

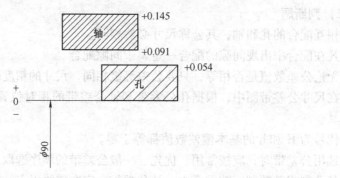

图 7-36　一组配合的孔、轴公差带图（二）

（1）孔、轴的公称尺寸是多少？

（2）孔、轴的基本偏差是多少？

4. 根据图 7-36 判断配合性质，并计算极限过盈或极限间隙及配合公差。

附　　录

附录 A　轴的极限偏差

（单位：μm）

公称尺寸/mm		公差带													
		a					b					c				
大于	至	9	10	11	12	13	9	10	11	12	13	8	9	10	11	12
—	3	−270 −295	−270 −310	−270 −330	−270 −370	−270 −410	−140 −165	−140 −180	−140 −200	−140 −240	−140 −280	−60 −74	−60 −85	−60 −100	−60 −120	−60 −160
3	6	−270 −300	−270 −318	−270 −345	−270 −390	−270 −450	−140 −170	−140 −188	−140 −215	−140 −260	−140 −320	−70 −88	−70 −100	−70 −118	−70 −145	−70 −190
6	10	−280 −316	−280 −338	−280 −370	−280 −430	−280 −500	−150 −186	−150 −208	−150 −240	−150 −300	−150 −370	−80 −102	−80 −116	−80 −138	−80 −170	−80 −230
10	18	−290 −333	−290 −360	−290 −400	−290 −470	−290 −560	−150 −193	−150 −220	−150 −260	−150 −330	−150 −420	−95 −122	−95 −138	−95 −165	−95 −205	−95 −275
18	30	−300 −352	−300 −384	−300 −430	−300 −510	−300 −630	−160 −212	−160 −244	−160 −290	−160 −370	−160 −490	−110 −143	−110 −162	−110 −194	−110 −240	−110 −320
30	40	−310 −372	−310 −410	−310 −470	−310 −560	−310 −700	−170 −232	−170 −270	−170 −330	−170 −420	−170 −560	−120 −159	−120 −182	−120 −220	−120 −280	−120 −370
40	50	−320 −382	−320 −420	−320 −480	−320 −570	−320 −710	−180 −242	−180 −280	−180 −340	−180 −430	−180 −570	−130 −169	−130 −192	−130 −230	−130 −290	−130 −380
50	65	−340 −414	−340 −460	−340 −530	−340 −640	−340 −800	−190 −264	−190 −310	−190 −380	−190 −490	−190 −650	−140 −186	−140 −214	−140 −260	−140 −330	−140 −440
65	80	−360 −434	−360 −480	−360 −550	−360 −660	−360 −820	−200 −274	−200 −320	−200 −390	−200 −500	−200 −660	−150 −196	−150 −224	−150 −270	−150 −340	−150 −450
80	100	−380 −467	−380 −520	−380 −600	−380 −730	−380 −920	−220 −307	−220 −360	−220 −440	−220 −570	−220 −760	−170 −224	−170 −257	−170 −310	−170 −390	−170 −520
100	120	−410 −497	−410 −550	−410 −630	−410 −760	−410 −950	−240 −327	−240 −380	−240 −460	−240 −590	−240 −780	−180 −234	−180 −267	−180 −320	−180 −400	−180 −530
120	140	−460 −560	−460 −620	−460 −710	−460 −860	−460 −1090	−260 −360	−260 −420	−260 −510	−260 −660	−260 −890	−200 −263	−200 −300	−200 −360	−200 −450	−200 −600
140	160	−520 −620	−520 −680	−520 −770	−520 −920	−520 −1150	−280 −380	−280 −440	−280 −530	−280 −680	−280 −910	−210 −273	−210 −310	−210 −370	−210 −460	−210 −610
160	180	−580 −680	−580 −740	−580 −830	−580 −980	−580 −1210	−310 −410	−310 −470	−310 −560	−310 −710	−310 −940	−230 −293	−230 −330	−230 −390	−230 −480	−230 −630
180	200	−660 −775	−660 −845	−660 −950	−660 −1120	−660 −1380	−340 −455	−340 −525	−340 −630	−340 −800	−340 −1060	−240 −312	−240 −355	−240 −425	−240 −530	−240 −700
200	225	−740 −855	−740 −925	−740 −1030	−740 −1200	−740 −1460	−380 −495	−380 −565	−380 −670	−380 −840	−380 −1100	−260 −332	−260 −375	−260 −445	−260 −550	−260 −720
225	250	−820 −935	−820 −1005	−820 −1110	−820 −1280	−820 −1540	−420 −535	−420 −605	−420 −710	−420 −880	−420 −1140	−280 −352	−280 −395	−280 −465	−280 −570	−280 −740
250	280	−920 −1050	−920 −1130	−920 −1240	−920 −1440	−920 −1730	−480 −610	−480 −690	−480 −800	−480 −1000	−480 −1290	−300 −381	−300 −430	−300 −510	−300 −620	−300 −820
280	315	−1050 −1180	−1050 −1260	−1050 −1370	−1050 −1570	−1050 −1860	−540 −670	−540 −750	−540 −860	−540 −1060	−540 −1350	−330 −411	−330 −460	−330 −540	−330 −650	−330 −850
315	355	−1200 −1340	−1200 −1430	−1200 −1560	−1200 −1770	−1200 −2090	−600 −740	−600 −830	−600 −960	−600 −1170	−600 −1490	−360 −449	−360 −500	−360 −590	−360 −720	−360 −930
355	400	−1350 −1490	−1350 −1580	−1350 −1710	−1350 −1920	−1350 −2240	−680 −820	−680 −910	−680 −1040	−680 −1250	−680 −1570	−400 −489	−400 −540	−400 −630	−400 −760	−400 −970
400	450	−1500 −1655	−1500 −1750	−1500 −1900	1500 −2130	−1500 −2470	−760 −915	−760 −1010	−760 −1160	−760 −1390	−760 −1730	−440 −537	−440 −595	−400 −690	−440 −840	−440 −1070
450	500	−1650 −1805	−1650 −1900	−1650 −2050	−1650 −2280	−1650 −2620	−840 −995	−840 −1090	−840 −1240	−840 −1470	−840 −1810	−480 −577	−480 −635	−480 −730	−480 −880	−480 −1110

（续）

公称尺寸/mm		公差带												
		d					e					f		
大于	至	7	8	9	10	11	6	7	8	9	10	5	6	7
—	3	−20 −30	−20 −34	−20 −45	−20 −60	−20 −80	−14 −20	−14 −24	−14 −28	−14 −39	−14 −54	−6 −10	−6 −12	−6 −16
3	6	−30 −42	−30 −48	−30 −60	−30 −78	−30 −105	−20 −28	−20 −32	−20 −38	−20 −50	−20 −68	−10 −15	−10 −18	−10 −22
6	10	−40 −55	−40 −62	−40 −76	−40 −98	−40 −130	−25 −34	−25 −40	−25 −47	−25 −61	−25 −83	−13 −19	−13 −22	−13 −28
10	18	−50 −68	−50 −77	−50 −93	−50 −120	−50 −160	−32 −43	−32 −50	−32 −59	−32 −75	−32 −102	−16 −24	−16 −27	−16 −34
18	30	−65 −86	−65 −98	−65 −117	−65 −149	−65 −195	−40 −53	−40 −61	−40 −73	−40 −92	−40 −124	−20 −29	−20 −33	−20 −41
30	40	−80 −105	−80 −119	−80 −142	−80 −180	−80 −240	−50 −66	−50 −75	−50 −89	−50 −112	−50 −150	−25 −36	−25 −41	−25 −50
40	50													
50	65	−100 −130	−100 −146	−100 −174	−100 −220	−100 −290	−60 −79	−60 −90	−60 −106	−60 −134	−60 −180	−30 −43	−30 −49	−30 −60
65	80													
80	100	−120 −155	−120 −174	−120 −207	−120 −206	−120 −340	−72 −94	−72 −107	−72 −126	−72 −212	−72 −159	−36 −51	−36 −58	−36 −71
100	120													
120	140	−145 −185	−145 −208	−145 −245	−145 −305	−145 −395	−85 −110	−85 −125	−85 −148	−85 −185	−85 −245	−43 −61	−43 −68	−43 −83
140	160													
160	180													
180	200	−170 −216	−170 −242	−170 −285	−170 −355	−170 −460	−100 −129	−100 −146	−100 −172	−100 −215	−50 −285	−50 −70	−50 −79	−50 −96
200	225													
225	250													
250	280	−190 −242	−190 −271	−190 −320	−190 −400	−190 −510	−110 −142	−110 −162	−110 −191	−110 −240	−110 −320	−56 −79	−56 −88	−56 −108
280	315													
315	355	−210 −267	−210 −299	−210 −350	−210 −440	−210 −570	−125 −161	−125 182	−125 −214	−125 −265	−125 −355	−62 −87	−62 −98	−62 −119
355	400													
400	450	−230 −293	−230 −327	−230 −385	−230 −480	−230 −630	−135 −175	−135 −198	−135 −232	−135 −290	−135 −385	−68 −95	−68 −108	−68 −131
450	500													

公称尺寸 /mm		公差带											
		f		g					h					
大于	至	8	9	4	5	6	7	8	1	2	3	4	5	6
—	3	−6 −20	−6 −31	−2 −5	−2 −6	−2 −8	−2 −12	−2 −16	0 −0.8	0 −1.2	0 −2	0 −3	0 −4	0 −6
3	6	−10 −28	−10 −40	−4 −8	−4 −9	−4 −12	−4 −16	−4 −22	0 −1	0 −1.5	0 −2.5	0 −3	0 −5	0 −8
6	10	−13 −35	−13 −49	−5 −9	−5 −11	−5 −14	−5 −20	−5 −27	0 −1	0 −1.5	0 −2.5	0 −4	0 −6	0 −9
10	18	−16 −43	−16 −59	−6 −11	−6 −14	−6 −17	−6 −24	−6 −33	0 −1.2	0 −2	0 −3	0 −5	0 −8	0 −11
18	30	−20 −53	−20 −72	−7 −13	−7 −16	−7 −20	−7 −28	−7 −40	0 −1.5	0 −2.5	0 −4	0 −6	0 −9	0 −13
30	40	−25 −64	−25 −87	−9 −16	−9 −20	−9 −25	−9 −34	−9 −48	0 −1.5	0 −2.5	0 −4	0 −7	0 −11	0 −16
40	50													
50	65	−30 −76	−30 −104	−10 −18	−10 −23	−10 −29	−10 −40	−10 −56	0 −2	0 −3	0 −5	0 −8	0 −13	0 −19
65	80													
80	100	−36 −90	−36 −123	−12 −22	−12 −27	−12 −34	−12 −47	−12 −66	0 −2.5	0 −4	0 −6	0 −10	0 −15	0 −22
100	120													
120	140	−43 −106	−43 −143	−14 −26	−14 −32	−14 −39	−14 −54	−14 −77	0 −3.5	0 −5	0 −8	0 −12	0 −18	0 −25
140	160													
160	180													
180	200	−50 −122	−50 −165	−15 −29	−15 −35	−15 −44	−15 −61	−15 −87	0 −4.5	0 −7	0 −10	0 −14	0 −20	0 −29
200	225													
225	250													
250	280	−56 −137	−56 −185	−17 −33	−17 −40	−17 −49	−17 −69	−17 −98	0 −6	0 −8	0 −12	0 −16	0 −23	0 −32
280	315													
315	355	−62 −151	−62 −202	−18 −36	−18 −43	−18 −54	−18 −75	−18 −107	0 −7	0 −9	0 −13	0 −18	0 −25	0 −36
355	400													
400	450	−68 −165	−68 −223	−20 −40	−20 −47	−20 −60	−20 −83	−20 −117	0 −8	0 −10	0 −15	0 −20	0 −27	0 −40
450	500													

（续）

公称尺寸/mm		公差带												
		h							j			js		
大于	至	7	8	9	10	11	12	13	5	6	7	1	2	3
—	3	0 −10	0 −14	0 −25	0 −40	0 −60	0 −100	0 −140	±2	+4 −2	+6 −4	±0.4	±0.6	±1
3	6	0 −12	0 −18	0 −30	0 −48	0 −75	0 −120	0 −180	+3 −2	+6 −2	+8 −4	±0.5	±0.75	±1.25
6	10	0 −15	0 −22	0 −36	0 −58	0 −90	0 −150	0 −220	+4 −2	+7 −2	+10 −5	±0.5	±0.75	±1.25
10	18	0 −18	0 −27	0 −43	0 −70	0 −110	0 −180	0 −270	+5 −3	+8 −3	+12 −6	±0.6	±1	±1.5
18	30	2 −21	0 −33	0 −52	0 −84	0 −130	0 −210	0 −330	+5 −4	+9 −4	+13 −8	±0.75	±1.25	±2
30	40	0 −25	0 −39	0 −62	0 −100	0 −160	0 −250	0 −390	+6 −5	+11 −5	+15 −10	±0.75	±1.25	±2
40	50													
50	65	0 −30	0 −46	0 −74	0 −120	0 −190	0 −300	0 −460	+6 −7	+12 −7	+18 −12	±1	±1.5	±2.5
65	80													
80	100	0 −35	0 −54	0 −87	0 −140	0 −220	0 −350	0 −540	+6 −9	+13 −9	+20 −15	±1.25	±2	±3
100	120													
120	140	0 −40	0 −63	0 −100	0 −160	0 −250	0 −400	0 −630	+7 −11	+14 −11	+22 −18	±1.75	±2.5	±4
140	160													
160	180													
180	200	0 −46	0 −72	0 −115	0 −185	0 −290	0 −460	0 −720	+7 −13	+16 −13	+25 −21	±2.25	±3.5	±5
200	225													
225	250													
250	280	0 −52	0 −81	0 −130	0 −210	0 −320	0 −520	0 −810	+7 −16	±16	±26	±3	±4	±6
280	315													
315	355	0 −57	0 −89	0 −140	0 −230	0 −360	0 −570	0 −890	+7 −18	±18	+29 −28	±3.5	±4.5	±6.5
355	400													
400	450	0 −63	0 −97	0 −155	0 −250	0 −400	0 −630	0 −970	+7 −20	±20	+31 −32	±4	±5	±7.5
450	500													

（续）

公称尺寸/mm		公差带											
		js										k	
大于	至	4	5	6	7	8	9	10	11	12	13	4	5
—	3	±1.5	±2	±3	±5	±7	±12	±20	±30	±50	±70	+3 0	+4 0
3	6	±2	±2.5	±4	±6	±9	±15	±24	±37	±60	±90	+5 +1	+6 +1
6	10	±2	±3	±4.5	±7	±11	±18	±29	±45	±75	±110	+5 +1	+7 +1
10	18	±2.5	±4	±5.5	±9	±13	±21	±35	±55	±90	±135	+6 +1	+9 +1
18	30	±3	±4.5	±6.5	±10	±16	±26	±42	±65	±105	±165	+8 +2	+11 +2
30	40	±3.5	±5.5	±8	±12	±19	±31	±50	±80	±125	±195	+9 +2	+13 +2
40	50												
50	65	±4	±6.5	±9.5	±15	±23	±37	±60	±95	±150	±230	+10 +2	+15 +2
65	80												
80	100	±5	±7.5	±11	±17	±27	±43	±70	±110	±175	±270	+13 +3	+18 +3
100	120												
120	140	±6	±9	±12.5	±20	±31	±50	±80	±125	±200	±315	+15 +3	+21 +3
140	160												
160	180												
180	200	±7	±10	±14.5	±23	±36	±57	±92	±145	±230	±360	+18 +4	+24 +4
200	225												
225	250												
250	280	±8	±11.5	±16	±26	±40	±65	±105	±160	±260	±405	+20 +4	+27 +4
280	315												
315	355	±9	±12.5	±18	±28	±44	±70	±115	±180	±285	±445	+22 +4	+29 +4
355	400												
400	450	±10	±13.5	±20	±31	±48	±77	±125	±200	±315	±485	+25 +5	+32 +5
450	500												

（续）

公称尺寸 /mm		公差带												
		k			m					n				
大于	至	6	7	8	4	5	6	7	8	4	5	6	7	8
—	3	+6 0	+10 0	+14 0	+5 +2	+6 +2	+8 +2	+12 +2	+16 +2	+7 +4	+8 +4	+10 +4	+14 +4	+18 +4
3	6	+9 +1	+13 +1	+18 0	+8 +4	+9 +4	+12 +4	+16 +4	+22 +4	+12 +8	+13 +8	+16 +8	+20 +8	+26 +8
6	10	+10 +1	+16 +1	+22 0	+10 +6	+12 +6	+15 +6	+21 +6	+28 +6	+14 +10	+16 +10	+19 +10	+25 +10	+32 +10
10	18	+12 +1	+19 +1	+27 0	+12 +7	+15 +7	+18 +7	+25 +7	+34 +7	+17 +12	+20 +12	+23 +12	+30 +12	+39 +12
18	30	+15 +2	+23 +2	+33 0	+14 +8	+17 +8	+21 +8	+29 +8	+41 +8	+21 +15	+24 +15	+28 +15	+36 +15	+48 +15
30	40	+18 +2	+32 +2	+46 0	+16 +9	+20 +9	+25 +9	+24 +9	+48 +9	+24 +17	+28 +17	+33 +17	+42 +17	+56 +17
40	50	+18 +2	+32 +2	+46 0	+16 +9	+20 +9	+25 +9	+24 +9	+48 +9	+24 +17	+28 +17	+33 +17	+42 +17	+56 +17
50	65	+21 +2	+32 +2	+46 0	+19 +11	+24 +11	+30 +11	+41 +11	+57 +11	+28 +20	—	+39 +20	+50 +20	—
65	80	+21 +2	+32 +2	+46 0	+19 +11	+24 +11	+30 +11	+41 +11	+57 +11	+28 +20	—	+39 +20	+50 +20	—
80	100	+25 +3	+38 +3	+54 0	+23 +13	+28 +13	+35 +13	+48 +13	+67 +13	+33 +23	—	+45 +23	+58 +23	—
100	120	+25 +3	+38 +3	+54 0	+23 +13	+28 +13	+35 +13	+48 +13	+67 +13	+33 +23	—	+45 +23	+58 +23	—
120	140	+28 +3	+43 +3	+63 0	+27 +15	+33 +15	+40 +15	+55 +15	+78 +15	+39 +27	—	+52 +27	+67 +27	—
140	160	+28 +3	+43 +3	+63 0	+27 +15	+33 +15	+40 +15	+55 +15	+78 +15	+39 +27	—	+52 +27	+67 +27	—
160	180	+28 +3	+43 +3	+63 0	+27 +15	+33 +15	+40 +15	+55 +15	+78 +15	+39 +27	—	+52 +27	+67 +27	—
180	200	+33 +4	+50 +4	+72 0	+31 +17	+37 +17	+46 +17	+63 +17	+89 +17	+45 +31	—	+60 +31	+77 +31	—
200	225	+33 +4	+50 +4	+72 0	+31 +17	+37 +17	+46 +17	+63 +17	+89 +17	+45 +31	—	+60 +31	+77 +31	—
225	250	+33 +4	+50 +4	+72 0	+31 +17	+37 +17	+46 +17	+63 +17	+89 +17	+45 +31	—	+60 +31	+77 +31	—
250	280	+36 +4	+56 +4	+81 0	+36 +20	+43 +20	+52 +20	+72 +20	+101 +20	+50 +34	—	+66 +34	+86 +34	—
280	315	+36 +4	+56 +4	+81 0	+36 +20	+43 +20	+52 +20	+72 +20	+101 +20	+50 +34	—	+66 +34	+86 +34	—
315	355	+40 +4	+61 +4	+89 0	+39 +21	+46 +21	+57 +21	+78 +21	+110 +21	+55 +37	—	+73 +37	+94 +37	—
355	400	+40 +4	+61 +4	+89 0	+39 +21	+46 +21	+57 +21	+78 +21	+110 +21	+55 +37	—	+73 +37	+94 +37	—
400	450	+45 +5	+68 +5	+97 0	+43 23	+50 +23	+63 +23	+86 +23	+120 +23	+60 +40	—	+80 +40	+103 +40	—
450	500	+45 +5	+68 +5	+97 0	+43 23	+50 +23	+63 +23	+86 +23	+120 +23	+60 +40	—	+80 +40	+103 +40	—

（续）

公称尺寸/mm		公差带											
		p					r					s		
大于	至	4	5	6	7	8	4	5	6	7	8	4	5	6
—	3	+9 +6	+10 +6	+12 +6	+16 +6	+20 +6	+13 +10	+14 +10	+16 +10	+20 +10	+24 +10	+17 +14	+18 +14	+20 +14
3	6	+16 +12	+17 +12	+20 +12	+24 +12	+30 +12	+19 +15	+20 +15	+23 +15	+27 +15	+33 +15	+23 +19	+24 +19	+27 +19
6	10	+19 +15	+21 +15	+24 +15	+30 +15	+37 +15	+23 +19	+25 +19	+28 +19	+34 +19	+41 +19	+27 +23	+29 +23	+32 +23
10	18	+23 +18	+26 +18	+29 +18	+36 +18	+45 +18	+28 +23	+31 +23	+34 +23	+41 +23	+50 +23	+23 +28	+36 +28	+39 +28
18	30	+28 +22	+31 +22	+35 +22	+43 +22	+55 +22	+34 +28	+37 +28	+41 +28	+49 +28	+61 +28	+41 +35	+44 +35	+48 +35
30	50	+33 +26	+37 +26	+42 +26	+51 +26	+65 +26	+41 +34	+45 +34	+50 +34	+59 +34	+73 +34	+50 +43	+54 +43	+59 +43
50	65	+40 +32	+45 +32	+51 +32	+62 +26	+78 +32	+49 +41	+54 +41	+60 +41	+71 +41	+87 +41	+61 +53	+66 +53	+72 +53
65	80						+51 +43	+56 +43	+62 +43	+72 +43	+89 +43	+67 +59	+72 +59	+78 +59
80	100	+47 +37	+52 +37	+59 +37	+72 +43	+91 +37	+61 +51	+66 +51	+73 +51	+86 +51	+105 +51	+81 +71	+86 +71	+93 +71
100	120						+64 +54	+69 +54	+76 +54	+89 +54	+108 +54	+89 +79	+94 +79	+101 +79
120	140	+55 +43	+61 +43	+68 +43	+83 +43	+106 +43	+75 +63	+81 +63	+88 +63	+103 +63	+126 +63	+104 +92	+110 +92	+117 +92
140	160						+77 +65	+83 +65	+90 +65	+105 +65	+128 +65	+112 +100	+118 100	+125 +100
160	180						+80 +68	+86 +68	+93 +68	+108 +68	+131 +68	+120 +108	+126 +108	+133 +108
180	200	+64 +50	+70 +50	+79 +50	+96 +50	+122 +50	+91 +77	+97 +77	+106 +77	+123 +77	+149 +77	+136 +122	+142 +122	+151 +122
200	225						+94 +80	+100 +80	+109 +80	+126 +80	+152 +80	+144 +130	+150 +130	+159 +130
225	250						+98 +84	+104 +84	+113 +84	+130 +84	+156 +84	+154 +140	+160 +140	+169 +140
250	280	+72 +56	+79 +56	+88 +56	+108 +56	+137 +56	+110 +94	+117 +94	+126 +94	+146 94	+175 +94	+174 +158	+181 +158	+190 +158
280	315						+114 +98	+121 +98	+130 +98	+150 +98	+179 +98	+186 +170	+193 +170	+202 +170
315	355	+80 +62	+87 +62	+98 +62	+119 +62	+151 +62	+126 +108	+133 +108	+144 +108	+165 +108	+197 +108	+208 +190	+215 +190	+226 +190
355	400						+132 +114	+139 +114	+150 +114	+171 +114	+203 +114	+226 +208	+233 +208	+244 +208
400	450	+88 +68	+95 +68	+108 +68	+131 +68	+165 +68	+146 +126	+153 +126	+166 +126	+189 +126	+223 +126	+252 +233	+259 +232	+272 +232
450	500						+152 +132	+159 +132	+172 +132	+195 +132	+229 +132	+272 +252	+279 +252	+292 +252

（续）

公称尺寸/mm		公差带												
		s		t				u				v		
大于	至	7	8	5	6	7	8	5	6	7	8	5	6	7
—	3	+24/+14	+28/+24	—	—	—	—	+22/+18	+24/+18	+28/+18	+32/+18	—	—	—
3	6	+31/+19	+37/+19	—	—	—	—	+28/+23	+31/+23	+35/+23	+41/+23	—	—	—
6	10	+38/+23	+45/+23	—	—	—	—	+34/+28	+37/+28	+43/+28	+50/+28	—	—	—
10	14	+46/+28	+55/+28	—	—	—	—	+41/+33	+44/+33	+51/+33	+60/+33	—	—	—
14	18	+46/+28	+55/+28	—	—	—	—	+41/+33	+44/+33	+51/+33	+60/+33	+47/+39	+50/+39	+57/+39
18	24	+56/+35	+68/+35	—	—	—	—	+50/+41	+54/+41	+62/+41	+74/+41	+56/+47	+60/+47	+68/+47
24	30	+56/+35	+68/+35	+50/+41	+54/+41	+62/+41	+74/+41	+57/+48	+61/+48	+69/+48	+81/+48	+64/+55	+68/+55	+76/+55
30	40	+68/+43	+82/+43	+59/+48	+64/+48	+73/+48	+87/+48	+71/+60	+76/+60	+85/+60	+99/+60	+79/+68	+84/+68	+93/+68
40	50	+68/+43	+82/+43	+65/+54	+70/+54	+79/+54	+93/+54	+81/+70	+86/+70	+95/70	+109/+70	+92/+81	+97/+81	+106/81
50	65	+83/+53	+99/+53	+79/+66	+85/+66	+96/+66	+112/+66	+100/+87	+106/+87	+117/+87	+133/+87	+115/+102	+121/+102	+132/+102
65	80	+89/+59	+105/+59	+88/+75	+94/+75	+105/+75	+121/+75	+115/+102	+121/+102	+132/+102	+148/+102	+133/+120	+139/+120	+150/+120
80	100	+106/+71	+125/+71	+106/+91	+113/+91	+126/+91	+145/+91	+139/+124	+146/+124	+159/+124	+178/+124	+161/+146	+168/+146	+181/+146
100	120	+114/+79	+133/+79	+119/+104	+126/+104	+139/+104	+158/104	+159/+144	+166/+144	+179/+144	+198/+144	+187/+172	+194/+172	+207/+172
120	140	+132/+92	+155/+92	+140/+122	+147/+122	+162/+122	+185/+122	+188/+170	+195/+170	+210/+170	+233/+170	+220/+202	+227/+202	+242/+202
140	160	+140/+100	+163/+100	+152/+134	+159/+134	+174/+134	+197/+134	+208/+190	+215/+190	+230/+190	+253/+190	+246/+228	+253/+228	+268/+148
160	180	+148/+108	+171/+108	+164/+146	+171/+146	+186/+146	+209/+146	+228/+210	+235/+210	+250/+210	+273/+210	+270/+252	+277/+252	+292/+252
180	200	+168/+122	+194/+122	+186/+166	+195/+166	+212/+166	+238/+166	+256/+236	+265/+236	+282/+236	+308/+236	+304/+284	+313/+284	+330/+284
200	225	+176/+130	+202/+130	+200/+180	+209/+180	+226/+180	+252/+180	+278/+258	+287/+258	+304/+258	+330/+258	+330/+310	+339/+310	+356/+310
225	250	+210/+158	+239/+158	+216/+196	+225/+196	+242/+196	+268/+196	+304/+284	+313/+284	+330/+284	+356/+284	+360/+340	+369/+340	+386/+340
250	280	+210/+158	+239/+158	+241/+218	+250/+218	+270/+218	+299/+218	+338/+315	+347/+315	+367/+315	+396/+315	+408/+385	+417/+385	+437/+385
280	315	+222/+170	+251/+170	+263/+240	+272/+240	+292/+240	+321/+240	+373/+350	+382/+350	+402/+350	+431/+350	+448/+425	+457/+425	+477/+425
315	355	+247/+190	+279/+190	+293/+268	+304/+268	+325/+268	+357/+268	+415/+390	+426/+390	+447/+390	+479/+390	+500/+475	+511/+475	+532/+475
355	400	+265/+208	+297/+208	+319/+294	+330/+294	+351/+294	+383/+194	+460/+435	+471/+435	+492/+435	+524/+435	+555/+530	+566/+530	+587/+530
400	450	+295/+232	+329/+232	+357/+330	+370/+330	+393/+330	+427/+330	+517/+490	+530/+490	+553/+490	+587/+490	+622/+595	+635/+595	+658/+595
450	500	+315/+252	+349/+252	+387/+360	+400/+360	+423/+360	+457/+360	+567/+540	+580/+540	+603/+540	+637/+540	+687/+660	+700/+660	+723/+660

公称尺寸/mm		公差带										
		v	x				y			z		
大于	至	8	5	6	7	8	6	7	8	6	7	8
—	3	—	+24 +20	+26 +20	+30 +20	+34 +20	—	—	—	+32 +26	+36 +26	+40 +26
3	6	—	+33 +28	+36 +28	+40 +28	+46 +28	—	—	—	+43 +35	+47 +35	+53 +35
6	10	—	+40 +34	+43 +34	+49 +34	+56 +34	—	—	—	+51 +42	+57 +42	+64 +42
10	14	—	+48 +40	+51 +40	+58 +40	+67 +40	—	—	—	+61 +50	+68 +50	+77 +50
14	18	+66 +39	+53 +45	+56 +45	+63 +45	+72 +45	—	—	—	+71 +60	+78 +60	+87 +60
18	24	+80 +47	+63 +54	+67 +54	+75 +54	+87 +54	+76 +63	+84 +63	+96 +63	+86 +73	+94 +73	+106 +73
24	30	+88 +55	+73 +64	+77 +64	+85 +64	+97 +64	+88 +75	+96 +75	+108 +75	+101 +88	+109 +88	+121 +88
30	40	+107 +68	+91 +80	+96 +80	+105 +80	+119 +80	+110 +94	+119 +94	+133 +94	+128 +112	+137 +112	+151 +112
40	50	+120 +81	+108 +97	+113 +97	+122 +97	+136 +97	+130 +114	+139 +114	+153 +114	+152 +136	+161 +136	+175 +136
50	65	+148 +102	+135 +122	+141 +122	+152 +122	+168 +122	+163 +144	+174 +144	+190 +144	+191 +172	+202 +172	+218 +172
65	80	+166 +120	+159 +146	+165 +146	+176 +146	+192 +146	+193 +174	+204 +174	+220 +174	+229 +210	+240 +210	+256 +210
80	100	+200 +146	+193 +178	+200 +178	+213 +178	+232 +178	+236 +214	+249 +214	+268 +214	+280 +258	+293 +258	+312 +258
100	120	+226 +172	+225 +210	+232 +210	+245 +210	+264 +210	+276 +254	+289 +254	+308 +254	+332 +310	+345 +310	+364 +310
120	140	+265 +202	+266 +248	+273 +248	+288 +248	+311 +248	+325 +300	+340 +300	+363 +300	+390 +365	+405 +365	+428 +365
140	160	+291 +228	+298 +280	+305 +280	+320 +280	+343 +280	+365 +340	+380 +340	+403 +340	+440 +415	+455 +415	+487 +415
160	180	+315 +252	+328 +310	+335 +310	+350 +310	+373 +310	+405 +380	+420 +380	+443 +380	+490 +465	+505 +465	+528 +465
180	200	+356 +284	+370 +350	+379 +350	+396 +350	+422 +350	+454 +425	+471 +425	+497 +425	+549 +520	+566 +520	+592 +520
200	225	+382 +310	+405 +385	+414 +385	+431 +385	+457 +385	+499 +470	+516 +470	+542 +470	+604 +575	+621 +575	+647 +575
225	250	+412 +340	+445 +425	+454 +425	+471 +425	+497 +425	+549 +520	+566 +520	+592 +520	+669 +640	+686 +640	+712 +640
250	280	+466 +385	+498 +475	+507 +475	+527 +475	+556 +475	+612 +580	+632 +580	+661 +580	+742 +710	+762 +710	+791 +640
280	315	+506 +425	+548 +525	+557 +525	+577 +525	+606 +525	+682 +650	+702 +650	+731 +650	+822 +790	+842 +790	+871 +790
315	355	+564 +475	+615 +590	+626 +590	+647 +590	+679 +590	+766 +730	+787 +730	+819 +730	+936 +900	+957 +900	+989 +900
355	400	+619 +530	+685 +660	+696 +660	+717 +660	+749 +660	+856 +820	+877 +820	+909 +820	+1036 +1000	+1057 +1000	+1089 +1000
400	450	+692 +595	+767 +740	+780 +740	+803 +740	+837 +740	+960 +920	+983 +920	+1017 +920	+1140 +1100	+1163 +1100	+1197 +1100
450	500	+757 +660	+847 +820	+860 +820	+883 +820	+917 +820	+1040 +1000	+1063 +1000	+1097 +1000	+1290 +1250	+1313 +1250	+1347 +1250

注：表中数据节选自 GB/T 1800.2—2009。

附录 B　孔的极限偏差

（单位：μm）

公称尺寸/mm		公差带												
		A				B				C				
大于	至	9	10	11	12	9	10	11	12	8	9	10	11	12
—	3	+295 270	+310 +270	+330 +270	+370 +270	+165 +140	+180 +140	+200 +140	+240 140	+74 +60	+85 +60	+100 +60	+120 +60	+160 +60
3	6	+300 +270	+318 +270	+345 +270	+390 +270	+170 +140	+188 +140	+215 +140	+260 +140	+88 +70	+100 +70	+118 +70	+145 +70	+190 +70
6	10	+316 +280	+338 +280	+370 +280	+430 +280	+186 +150	+208 +150	+240 +150	+300 +150	+102 +80	+116 +80	+138 +80	+170 +80	+230 +80
10	18	+333 +290	+360 +290	+400 +290	+470 +290	+193 +150	+220 +150	+260 +150	+330 +150	+122 +95	+138 +95	+165 +95	+205 +95	+275 +95
18	30	+352 +300	+384 +300	+430 +300	+510 +300	+212 +160	+244 +160	+290 +160	+370 +160	+143 +110	+162 +110	+194 +110	+240 +110	+320 +110
30	40	+372 +310	+410 +310	+470 +310	+560 +310	+232 +170	+270 +170	+330 +170	+420 +170	+159 +120	+182 +120	+220 +120	+280 +120	+370 +120
40	50	+382 +320	+420 +320	+480 +320	+570 +320	+242 +180	+280 +180	+340 +180	+430 +180	+169 +130	+192 +130	+230 +130	+290 +130	+380 +130
50	65	+414 +340	+460 +340	+530 +340	+640 +340	+264 +190	+310 +190	+380 +190	+490 +190	+186 +140	+214 +140	+260 +140	+330 +140	+440 +130
65	80	+434 +360	+480 +360	+550 +360	+660 +360	+274 +200	+320 +200	+390 +200	+500 +200	+196 +150	+224 +150	+270 +150	+340 +150	+450 +150
80	100	+467 +380	+520 +380	+600 +380	+730 +380	+307 +220	+360 +220	+440 +220	+570 +220	+224 +170	+257 +170	+310 +170	+390 +170	+520 +170
100	120	+497 +410	+520 +410	+630 +410	+760 +410	+327 +240	+380 +240	+460 +240	+590 +240	+234 +180	+267 +180	+320 +180	+400 +180	+530 +180
120	140	+560 +460	+620 +460	+710 +460	+860 +460	+360 +260	+420 +260	+510 +260	+660 +260	+263 +200	+300 +200	+360 +200	+450 +200	+600 +200
140	160	+620 +520	+680 +520	+770 +520	+920 +520	+380 +280	+440 +280	+530 +280	+680 +280	+273 +210	+310 +210	+370 +210	+460 +210	+610 +210
160	180	+680 +580	+740 +580	+830 +580	+980 +580	+410 +310	+470 +310	+560 +310	+710 +310	+293 +230	+330 +230	+390 +230	+480 +230	+630 +230
180	200	+775 +660	+845 +660	+950 +660	+1120 +660	+455 +340	+525 +340	+630 +340	+800 +340	+312 +240	+355 +240	+425 +240	+530 +240	+700 +240
200	225	+855 +740	+925 +740	+1030 +740	+1200 +740	+495 +380	+565 +380	+670 +380	+840 +380	+332 +260	+375 +260	+445 +260	+550 +260	+720 +260
225	250	+935 +820	+1005 +920	+1110 +820	+1280 +820	+535 +420	+605 +420	+710 +420	+880 +420	+352 +280	+395 +280	+465 +280	+570 +280	+740 +280
250	280	+1050 +920	+1130 +920	+1240 +920	+1440 +920	+610 +480	+690 +480	+800 +480	+1000 +480	+381 +300	+430 +300	+510 +300	+620 +300	+820 +300
280	315	+1080 +1050	+1260 +1050	+1370 +1050	+1570 +1050	+670 +540	+750 +540	+860 +540	+1060 +540	+411 +330	+460 +330	+540 +330	+650 +330	+850 +330
315	355	+1340 +1200	+1430 +1200	+1560 +1200	+1770 +1200	+740 +600	+830 +600	+960 +600	+1170 +600	+449 +360	500 +360	+590 +360	+720 +360	+930 +360
355	400	+1490 +1350	+1580 +1350	+1710 +1350	+1920 +1350	+820 +680	+910 +680	+1040 +680	+1250 +680	+489 +400	+540 +400	+630 +400	+760 +400	+970 +400
400	450	+1655 +1500	+1750 +1500	+1900 +1500	+2130 +1500	+915 +760	+1010 +760	+1160 +760	+1390 +760	+537 +440	+595 +440	+690 +440	+840 +440	+1070 +440
450	500	+1805 +1650	+1900 +1650	+2050 +1650	+2280 +1650	+995 +840	+1090 +840	+1240 +840	+1470 +480	+577 +480	+635 +480	+730 +480	+880 +480	+1110 +480

公称尺寸/mm		公差带												
		D					E				F			
大于	至	7	8	9	10	11	7	8	9	10	6	7	8	9
—	3	+30 +20	+34 +20	+45 +20	+60 +20	+80 +20	+24 +14	+28 +14	+39 +14	+54 +14	+12 +6	+16 +6	+20 +6	+31 +6
3	6	+42 +30	+48 +30	+60 +30	+78 +30	+105 +30	+32 +20	+38 +20	+50 +20	+68 +20	+18 +10	+22 +10	+28 +10	+40 +10
6	10	+55 +40	+62 +40	+76 +40	+98 +40	+130 +40	+40 +25	+47 +25	+61 +25	+83 +25	+22 +13	+28 +13	+35 +13	+49 +13
10	18	+68 +50	+77 +50	+93 +50	+120 +50	+160 +50	+50 +32	+59 +32	+75 +32	+102 +32	+27 +16	+34 +16	+43 +16	+59 +16
18	30	+86 +65	+98 +65	+117 +65	+149 +65	+195 +65	+61 +40	+73 +40	+92 +40	+124 +40	+33 +20	+41 +20	+53 +20	+72 +20
30	40	+105 +80	+119 +80	+142 +80	+180 +80	+240 +80	+75 +50	+89 +50	+112 +50	+150 +50	+41 +25	+50 +25	+64 +25	+87 +25
40	50													
50	65	+130 +100	+146 +100	+174 +100	+220 +100	+290 +100	+90 +60	+106 +60	+134 +60	+180 +60	+49 +30	+60 +30	+76 +30	+104 +30
65	80													
80	100	+155 +120	+174 +120	+207 +120	+260 +120	+340 +120	+107 +72	+126 +72	+159 +72	+212 +72	+58 +36	+71 +36	+90 +36	+123 +36
100	120													
120	140	+185 +145	+208 +145	+245 +145	+305 +145	+395 +145	+125 +85	+148 +85	+185 +85	+245 +85	+68 +43	+83 +43	+106 +43	+143 +43
140	160													
160	180													
180	200	+216 +170	+242 +170	+285 +170	+355 +170	+460 +170	+146 +100	+172 +100	+215 +100	+285 +100	+79 +50	+96 +50	+122 +50	+165 +50
200	225													
225	250													
250	280	+242 +190	+271 +190	+320 +190	+440 +190	+510 +190	+162 +110	+191 +110	+240 +110	+320 +110	+88 +56	+108 +56	+137 +56	+186 +56
280	315													
315	355	+267 +210	+299 +210	+350 +210	+440 +210	+570 +210	+182 +125	+214 +125	+265 +125	+355 +125	+98 +62	+119 +62	+151 +62	+202 +62
355	400													
400	450	+293 +230	+327 +230	+385 +230	+480 +230	+630 +230	+198 +135	+232 +135	+290 +135	+385 +135	+108 +68	+131 +68	+165 +68	+223 +68
450	500													

（续）

| 公称尺寸/mm | | 公差带 | | | | | | | | | | | | |
大于	至	G 5	G 6	G 7	G 8	H 1	H 2	H 3	H 4	H 5	H 6	H 7	H 8	H 9
—	3	+6 +2	+8 +2	+12 +2	+16 +2	+0.8 0	+1.2 0	+2 0	+3 0	+4 0	+6 0	+10 0	+14 0	+25 0
3	6	+9 +4	+12 +4	+16 +4	+22 +4	+1 0	+1.5 0	+2.5 0	+4 0	+5 0	+8 0	+12 0	+18 0	+30 0
6	10	+11 +5	+14 +5	+20 +5	+27 +5	+1 0	+1.5 0	+2.5 0	+4 0	+6 0	+9 0	+15 0	+22 0	+36 0
10	18	+14 +6	+17 +6	+24 +6	+33 +6	+1.2 0	+2 0	+3 0	+5 0	+8 0	+11 0	+18 0	+27 0	+43 0
18	30	+16 +7	+20 +7	+28 +7	+40 +7	+1.5 0	+2.5 0	+4 0	+6 0	+9 0	+13 0	+21 0	+33 0	+52 0
30	40	+20 +9	+25 +9	+34 +9	+48 +9	+1.5 0	+2.5 0	+4 0	+7 0	+11 0	+16 0	+25 0	+39 0	+62 0
40	50													
50	65	+23 +10	+29 +10	+40 +10	+56 +10	+2 0	+3 0	+5 0	+8 0	+13 0	+19 0	+30 0	+46 0	+74 0
65	80													
80	100	+27 +12	+34 +12	+47 +12	+66 +12	+2.5 0	+4 0	+6 0	+10 0	+15 0	+22 0	+35 0	+54 0	+87 0
100	120													
120	140	+32 +14	+39 +14	+54 +14	+77 14	+3.5 0	+5 0	+8 0	+12 0	+18 0	+25 0	+40 0	+63 0	+100 0
140	160													
160	180													
180	200	+35 +15	+44 +15	+61 +15	+87 +15	+4.5 0	+7 0	+10 0	+14 0	+20 0	+29 0	+46 0	+72 0	+115 0
200	225													
225	250													
250	280	+40 +17	+49 +17	+69 +17	+98 +17	+6 0	+8 0	+12 0	+16 0	+23 0	+32 0	+52 0	+81 0	+130 0
280	315													
315	355	+43 +18	+54 +18	+75 +18	+107 +18	+7 0	+9 0	+13 0	+18 0	+25 0	+36 0	+57 0	+89 0	+140 0
355	400													
400	450	+47 +20	+62 +20	+83 +20	+117 +20	+8 0	+10 0	+15 0	+20 0	+27 0	+40 0	+63 0	+97 0	+155 0
450	500													

公称尺寸 /mm		公差带												
		H				J			JS					
大于	至	10	11	12	13	6	7	8	1	2	3	4	5	6
—	3	+40 0	+60 0	+100 0	+140 0	+2 −4	+4 −6	+6 −8	±0.4	±0.6	±1	±1.5	±2	±3
3	6	+48 0	+75 0	+120 0	+180 0	+5 −3	±6	+10 −8	±0.5	±0.75	±1.25	±2	±2.5	±4
6	10	+58 0	+90 0	+150 0	+220 0	+5 −4	+8 −7	+12 −10	±0.5	±0.75	±1.25	±2	±3	±4.5
10	18	+70 0	+110 0	+180 0	+270 0	+6 −5	+10 −8	+15 −12	±0.6	±1	±1.5	±2.5	±4	±5.5
18	30	+84 0	+130 0	+210 0	+330 0	+8 −5	+12 −9	+20 −13	±0.75	±1.25	±2	±3	±4.5	±6.5
30	40	+100 0	+160 0	+250 0	+390 0	+10 −6	+14 −11	+24 −15	±0.75	±1.25	±2	±3.5	±5.5	±8
40	50													
50	65	+120 0	+190 0	+300 0	+460 0	+13 −6	+18 −12	+28 −18	±1	±1.5	±2.5	±4	±6.5	±9.5
65	80													
80	100	+140 0	+220 0	+350 0	+540 0	+16 −6	+22 −13	+34 −20	±1.25	±2	±3	±5	±7.5	±11
100	120													
120	140	+160 0	+250 0	+400 0	+630 0	+18 −7	+26 −14	+41 −22	±1.75	±2.5	±4	±6	±9	±12.5
140	160													
160	180													
180	200	+185 0	+290 0	+460 0	+720 0	+22 −7	+30 −16	+47 −25	±2.25	±3.5	±5	±7	±10	±14.5
200	225													
225	250													
250	280	+210 0	+320 0	+520 0	+810 0	+25 −7	+36 −16	+55 −26	±3	±4	±6	±8	±11.5	±16
280	315													
315	355	+230 0	+360 0	+570 0	+890 0	+29 −7	+39 −18	+60 −29	±3.5	±4.5	±6.5	±9	±12.5	±18
355	400													
400	450	+250 0	+400 0	+630 0	+970 0	+33 −7	+43 −20	+66 −31	±4	±5	±7.5	±10	±13.5	±20
450	500													

（续）

公称尺寸/mm		公差带												
		JS							K					M
大于	至	7	8	9	10	11	12	13	4	5	6	7	8	4
—	3	±5	±7	±12	±20	±30	±50	±70	0 −3	0 −4	0 −6	0 −10	0 −14	−2 −5
3	6	±6	±9	±15	±24	±37	±60	±90	+0.5 −3.5	0 −5	+2 −6	+3 −9	+5 −13	−2.5 −6.5
6	10	±7	±11	±18	±29	±45	±75	±110	+0.5 −3.5	+1 −5	+2 −7	+5 −10	+6 −16	−4.5 −8.5
10	18	±9	±13	±21	±36	±55	±90	±135	+1 −4	+2 −6	+2 −9	+6 −12	+8 −19	−5 −10
18	30	±10	±16	±26	±42	±65	±105	±165	0 −6	+1 −8	+2 −11	+6 −15	+10 −23	−6 −12
30	40	±12	±19	±31	±50	±80	±125	±195	+1 −6	+2 −9	+3 −13	+7 −18	+12 −27	−6 −13
40	50													
50	65	±15	±23	±37	±60	±95	±150	±230	—	+3 −10	+4 −15	+9 −21	+14 −32	—
65	80													
80	100	±17	±27	±43	±70	±110	±175	±270	—	+2 −13	+4 −18	+10 −25	+16 −38	—
100	120													
120	140	±20	±31	±50	±80	±125	±200	±315	—	+3 −15	+4 −21	+12 −28	+20 −43	—
140	160													
160	180													
180	200	±23	±36	±57	±92	±145	±230	±360	—	+2 −18	+5 −24	+13 −33	+22 −50	—
200	225													
225	250													
250	280	±26	±40	±65	±105	±160	±280	±405	—	+3 −20	+5 −27	+16 −36	+25 −56	—
280	315													
315	355	±28	±44	±70	±115	±180	±285	±445	—	+3 −22	+7 −29	+17 −40	+28 −61	—
355	400													
400	450	±31	±48	±77	±125	±200	±315	±485	—	+2 −25	+8 −32	+18 −45	+29 −68	—
450	500													

（续）

公称尺寸/mm		公差带												
		M				N					P			
大于	至	5	6	7	8	5	6	7	8	9	5	6	7	8
—	3	−2 −6	−2 −8	−2 −12	−2 −16	−4 −8	−4 −10	−4 −14	−4 −18	−4 −29	−6 −10	−6 −12	−6 −16	−6 −20
3	6	−3 −8	−1 −9	0 −12	+2 −16	−7 −12	−5 −13	−4 −16	−2 −20	0 −30	−11 −16	−9 −17	−8 −20	−12 −30
6	10	−4 −10	−3 −12	0 −15	+1 −21	−8 −14	−7 −16	−4 −19	−3 −25	0 −36	−13 −19	−12 −21	−9 −24	−15 −37
10	18	−4 −12	−4 −15	0 −18	+2 −25	−9 −17	−9 −20	−5 −23	−3 −30	0 −43	−15 −23	−15 −26	−11 −29	−18 −45
18	30	−5 −14	−4 −17	0 −21	+4 −29	−12 −21	−11 −24	−7 −28	−3 −36	0 −52	−19 −28	−18 −31	−14 −35	−22 −55
30	40	−5 −16	−4 −20	0 −25	+5 −34	−13 −24	−12 −28	−8 −33	−3 −42	0 −62	−22 −33	−21 −37	−17 −42	−26 −65
40	50	−5 −16	−4 −20	0 −25	+5 −34	−13 −24	−12 −28	−8 −33	−3 −42	0 −62	−22 −33	−21 −37	−17 −42	−26 −65
50	65	−6 −19	−5 −24	0 −30	+5 −41	−15 −28	−14 −33	−9 −39	−4 −50	0 −74	−27 −40	−26 −45	−21 −51	−32 −78
65	80	−6 −19	−5 −24	0 −30	+5 −41	−15 −28	−14 −33	−9 −39	−4 −50	0 −74	−27 −40	−26 −45	−21 −51	−32 −78
80	100	−8 −23	−6 −28	0 −35	+6 −48	−18 −33	−16 −38	−10 −45	−4 −58	0 −87	−32 −47	−30 −52	−24 −59	−37 −91
100	120	−8 −23	−6 −28	0 −35	+6 −48	−18 −33	−16 −38	−10 −45	−4 −58	0 −87	−32 −47	−30 −52	−24 −59	−37 −91
120	140	−9 −27	−8 −33	0 −40	+8 −55	−21 −39	−20 −45	−12 −52	−4 −67	0 −100	−37 −55	−36 −61	−28 −68	−43 −106
140	160	−9 −27	−8 −33	0 −40	+8 −55	−21 −39	−20 −45	−12 −52	−4 −67	0 −100	−37 −55	−36 −61	−28 −68	−43 −106
160	180	−9 −27	−8 −33	0 −40	+8 −55	−21 −39	−20 −45	−12 −52	−4 −67	0 −100	−37 −55	−36 −61	−28 −68	−43 −106
180	200	−11 −31	−8 −39	0 −46	+9 −63	−25 −45	−22 −51	−14 −60	−5 −77	0 −115	−44 −64	−41 −70	−33 −79	−50 −122
200	225	−11 −31	−8 −39	0 −46	+9 −63	−25 −45	−22 −51	−14 −60	−5 −77	0 −115	−44 −64	−41 −70	−33 −79	−50 −122
225	250	−11 −31	−8 −39	0 −46	+9 −63	−25 −45	−22 −51	−14 −60	−5 −77	0 −115	−44 −64	−41 −70	−33 −79	−50 −122
250	280	−13 −36	−9 −41	0 −52	+9 −72	−27 −50	−25 −57	−14 −66	−5 −86	0 −130	−49 −72	−47 −79	−36 −88	−56 −137
280	315	−13 −36	−9 −41	0 −52	+9 −72	−27 −50	−25 −57	−14 −66	−5 −86	0 −130	−49 −72	−47 −79	−36 −88	−56 −137
315	355	−14 −39	−10 −46	0 −57	+11 −78	−30 −55	−26 −62	−16 −73	−5 94	0 −140	−55 −80	−51 −87	−41 −98	−62 −151
355	400	−14 −39	−10 −46	0 −57	+11 −78	−30 −55	−26 −62	−16 −73	−5 94	0 −140	−55 −80	−51 −87	−41 −98	−62 −151
400	450	−16 −43	−10 −50	0 −63	+11 −86	−33 −60	−27 −67	−17 −80	−6 −103	0 −155	−61 −88	−55 −95	−45 −108	−68 −165
450	500	−16 −43	−10 −50	0 −63	+11 −86	−33 −60	−27 −67	−17 −80	−6 −103	0 −155	−61 −88	−55 −95	−45 −108	−68 −165

（续）

公称尺寸/mm		公差带											
		P	R				S				T			U
大于	至	9	5	6	7	8	5	6	7	8	6	7	8	6
—	3	−6 / −31	−10 / −14	−10 / −16	−10 / −20	−10 / −24	−14 / −18	−14 / −20	−14 / −24	−14 / −28	—	—	—	−18 / −24
3	6	−12 / −42	−14 / −19	−12 / −20	−11 / −23	−15 / −33	−18 / −23	−16 / −24	−15 / −27	−19 / −37	—	—	—	−20 / −28
6	10	−15 / −51	−17 / −23	−16 / −25	−13 / −28	−19 / −41	−21 / −27	−20 / −29	−17 / −32	−23 / −45	—	—	—	−25 / −34
10	18	−18 / −61	−20 / −28	−20 / −31	−16 / −34	−23 / −50	−25 / −33	−25 / −36	−21 / −39	−28 / −55	—	—	—	−30 / −41
18	24	−22 / −74	−25 / −34	−24 / −37	−20 / −41	−28 / −61	−32 / −41	−31 / −44	−27 / −48	−35 / −68	—	—	—	−37 / −50
24	30										−37 / −50	−33 / −54	−41 / −74	−44 / −57
30	40	−26 / −88	−30 / −41	−29 / −45	−25 / −50	−34 / −73	−39 / −50	−38 / −54	−34 / −59	−43 / −82	−43 / −59	−39 / −64	−48 / −87	−44 / −71
40	50										−49 / −65	−45 / −70	−54 / −93	−65 / −81
50	65	−32 / −106	−36 / −49	−35 / −54	−30 / −60	−41 / −87	−48 / −61	−47 / −66	−42 / −72	−53 / −99	−60 / −79	−55 / −85	−66 / −112	−81 / −100
65	80		−38 / −51	−37 / −56	−32 / −62	−43 / −89	−54 / −67	−53 / −72	−48 / −78	−59 / −105	−69 / −88	−64 / −94	−75 / −121	−96 / −115
80	100	−37 / −124	−46 / −61	−44 / −66	−38 / −73	−51 / −105	−66 / −81	−64 / −86	−58 / −93	−71 / −125	−84 / −106	−78 / −113	−91 / −145	−117 / −139
100	120		−49 / −64	−47 / −69	−41 / −76	−54 / −108	−74 / −89	−72 / −94	−66 / −101	−79 / −133	−97 / −119	−91 / −126	−104 / −158	−137 / −159
120	140	−43 / −143	−57 / −75	−56 / −81	−48 / −88	−63 / −126	−86 / −104	−85 / −110	−77 / −117	−92 / −155	−115 / −140	−107 / −147	−122 / −185	−163 / −188
140	160		−59 / −77	−58 / −83	−50 / −90	−65 / −128	−94 / −112	−93 / −118	−85 / −125	−100 / −163	−127 / −152	−119 / −159	−134 / −197	−183 / −208
160	180		−62 / −80	−61 / −86	−53 / −93	−68 / −131	−102 / −120	−101 / −126	−93 / −133	−108 / −171	−139 / −164	−131 / −171	−146 / −209	−203 / −228
180	200	−50 / −165	−71 / −91	−68 / −97	−60 / −106	−77 / −149	−116 / −136	−113 / −142	−105 / −151	−122 / −194	−157 / −186	−149 / −195	−166 / −238	−227 / −256
200	225		−74 / −94	−71 / −100	−63 / −100	−80 / −152	−124 / −144	−121 / −150	−113 / −159	−130 / −202	−171 / −200	−163 / −209	−180 / −252	−249 / −278
225	250		−78 / −98	−75 / −104	−67 / −113	−84 / −156	−134 / −154	−131 / −160	−123 / −169	−140 / −212	−187 / −216	−179 / −225	−196 / −268	−275 / −304
250	280	−56 / −186	−87 / −110	−85 / −117	−74 / −126	−94 / −175	−151 / −174	−149 / −181	−138 / −190	−158 / −239	−209 / −241	−198 / −250	−218 / −299	−306 / −338
280	315		−91 / −114	−89 / −121	−78 / −130	−98 / −179	−163 / −186	−161 / −193	−150 / −202	−170 / −251	−231 / −263	−220 / −272	−240 / −321	−341 / −373
315	355	−62 / −202	−101 / −126	−97 / −133	−87 / −144	−108 / −197	−183 / −208	−179 / −215	−169 / −226	−190 / −279	−257 / −293	−247 / −304	−268 / −357	−379 / −415
355	400		−107 / −132	−103 / −139	−93 / −150	−114 / −203	−201 / −226	−197 / −233	−187 / −244	−208 / −297	−283 / −319	−273 / −330	−294 / −383	−424 / −460
400	450	−68 / −223	−119 / −146	−113 / −153	−103 / −166	−126 / −223	−225 / −252	−219 / −259	−209 / −272	−232 / −329	−317 / −357	−307 / −370	−330 / −427	−477 / −517
450	500		−125 / −152	−119 / −159	−109 / −172	−132 / −229	−245 / −272	−239 / −279	−229 / −292	−252 / −349	−347 / −387	−337 / −400	−360 / −457	−527 / −567

（续）

公称尺寸/mm		公差带													
		U		V			X			Y			Z		
大于	至	7	8	6	7	8	6	7	8	6	7	8	6	7	8
—	3	−18 −28	−18 −32	—	—	—	−20 −26	−20 −30	−20 −34	—	—	—	−26 −32	−26 −36	−26 −40
3	6	−19 −31	−23 −41	—	—	—	−25 −33	−24 −36	−28 −46	—	—	—	−32 −40	−31 −43	−35 −53
6	10	−22 −37	−28 −50	—	—	—	−31 −40	−28 −43	−34 −56	—	—	—	−39 −48	−36 −51	−42 −64
10	14	−26 −44	−33 −60	—	—	—	−37 −48	−33 −51	−40 −67	—	—	—	−47 −58	−43 −61	−50 −77
14	18	−26 −44	−33 −60	−36 −47	−32 −50	−39 −66	−42 −53	−38 −56	−45 −72	—	—	—	−57 −68	−53 −71	−60 −87
18	24	−33 −54	−41 −74	−43 −56	−39 −60	−47 −80	−50 −63	−46 −67	−54 −87	−59 −72	−55 −76	−63 −96	−69 −82	−65 −86	−73 −106
24	30	−40 −61	−48 −81	−51 −64	−47 −68	−55 −88	−60 −73	−56 −77	−64 −97	−71 −84	−67 −88	−75 −108	−84 −97	−80 −101	−88 −121
30	40	−51 −76	−60 −99	−63 −79	−59 −84	−68 −107	−75 −91	−71 −96	−80 −119	−89 −105	−85 −110	−94 −133	−107 −123	−103 −128	−112 −151
40	50	−61 −86	−70 −109	−76 −92	−72 −97	−81 −120	−92 −108	−88 −113	−97 −136	−109 −125	−105 −130	−114 −153	−131 −147	−127 −152	−136 −175
50	65	−76 −106	−87 −133	−96 −115	−91 −121	−102 −148	−116 −135	−111 −141	−122 −168	−138 −157	−133 −163	−144 −190	—	−161 −191	−172 −218
65	80	−91 −121	−102 −148	−114 −133	−109 −139	−120 −166	−140 −159	−135 −165	−146 −192	−168 −187	−163 −193	−174 −220	—	−199 −229	−210 −256
80	100	−111 −146	−124 −178	−139 −161	−133 −168	−146 −200	−171 −193	−165 −200	−178 −232	−207 −229	−201 −236	−214 −268	—	−245 −280	−258 −312
100	120	−131 −166	−144 −198	−165 −187	−159 −194	−172 −226	−203 −225	−197 −232	−210 −264	−247 −269	−241 −276	−254 −308	—	−297 −332	−310 −364
120	140	−155 −195	−170 −233	−195 −220	−187 −227	−202 −265	−241 −266	−233 −273	−248 −311	−293 −318	−285 −325	−300 −363	—	−350 −390	−365 −428
140	160	−175 −215	−190 −253	−221 −246	−213 −253	−228 −291	−273 −298	−265 −305	−280 −343	−333 −358	−325 −365	−340 −403	—	−400 −440	−415 −478
160	180	−195 −235	−210 −273	−245 −270	−237 −277	−252 −315	−303 −328	−295 −335	−310 −373	−373 −398	−365 −405	−380 −443	—	−450 −490	−465 −528
180	200	−219 −265	−236 −308	−275 −304	−267 −313	−284 −356	−341 −370	−333 −379	−350 −422	−416 −445	−408 −454	−425 −497	—	−503 −549	−520 −592
200	225	−241 −287	−258 −330	−301 −330	−293 −339	−310 −382	−376 −405	−368 −414	−385 −457	−461 −490	−453 −499	−470 −542	—	−558 −604	−575 −647
225	250	−267 −313	−284 −356	−331 −360	−323 −369	−340 −412	−416 −445	−408 −454	−425 −497	−511 −540	−503 −549	−520 −592	—	−623 −669	−640 −712
250	280	−295 −347	−315 −396	−376 −408	−365 −417	−385 −466	−466 −498	−455 −507	−475 −556	−571 −603	−560 −612	−580 −661	—	−690 −742	−710 −791
280	315	−330 −382	−350 −431	−416 −448	−405 −457	−425 −506	−516 −548	−505 −557	−525 −606	−641 −673	−630 −682	−650 −731	—	−770 −822	−790 −871
315	355	−369 −426	−390 −479	−464 −500	−454 −511	−475 −564	−579 −615	−569 −626	−590 −679	−719 −755	−709 −766	−730 −819	—	−879 −936	−900 −989
355	400	−414 −471	−435 −524	−519 −555	−509 −566	−530 −619	−649 −685	−639 −696	−660 −749	−809 −845	−799 −856	−820 −909	—	−979 −1036	−1000 −1089
400	450	−467 −530	−490 −587	−582 −622	−572 −635	−595 −692	−727 −767	−717 −780	−740 −837	−907 −947	−897 −960	−920 −1017	—	−1077 −1140	−1100 −1197
450	500	−517 −580	−540 −637	−647 −687	−637 −700	−660 −757	−807 −847	−797 −860	−820 −917	−987 −1027	−977 −1040	−1000 −1097	—	−1227 −1290	−1250 −1347

注：表中数据节选自 GB/T 1800.2—2009。

参 考 文 献

[1] 人力资源和社会保障部教材办公室．机械基础［M］．5版．北京：中国劳动社会保障出版社，2011.

[2] 杨晓兰，韦志锋，韩贤武．机械设计基础［M］．北京：机械工业出版社，2012.

[3] 胡旭兰．数控机床机械系统及其故障诊断与维修［M］．北京：中国劳动社会保障出版社，2008.